反重力を今に解き放て！

現文明の限界値を突き破る究極テクノロジー

消えた古代科学の叡智

ケイ・ミズモリ 著
Kei Mizumori

まえがき／巨石文明を貫くテクノロジーへの挑戦

本書は、巨石文明を築いた古代人がいかに重い石材を加工・運搬したのかというテーマで2015年春に執筆を始めたものである。本書ではあえて古代史に関して一切触れず、古代人の知恵と技術に焦点を絞っている。筆者は、特に巨石の運搬方法にターゲットを絞った。奇しくも古代人は巨石を空中に浮揚させて運ぶ術を心得ていたとする伝承が世界各地に残されているからだ。だが、我々はそれらをただのおとぎ話だと片づけてきた。おとぎ話を真に受ける者は馬鹿者であり、理知的な人間は決してそんなおとぎ話を信じない。そのようにして長らく歴史は流れてきた。

しかし、世界中の巨石浮揚にまつわる伝承をあらためて精査してみると、いくらか技術的な共通点が見出され、ただのおとぎ話として切り捨てるには忍びないと筆者には感じられた。そこで、筆者は馬鹿者となり、その可能性を追究・検証してみることにした。そして、古代人が本当に巨石を空中浮揚させることができたのだとしたら、その傍証を、さらに可能であればメカニズムの一端でも示すことを本書の目標に掲げた。

だが、当然のことながら、遠い過去の資料は限られ、情報の正確さに関しても保証が得られるものではない。途中で何度か本書執筆を中断せざるを得なかった。そして、巨石文明の反重力の謎を完全に解明しないことには、説得力に欠け、馬鹿者による愚劣な著作になってしまうのではないかと考えるようになった。原稿を書き進めるよりも、謎の解明が優先されるべきではなかろうか？　しかし、解明されない限り、本書はいつまでも完成しない。

日頃、里山で食料のいくらかを自給しながら、主に執筆・講演活動で生計を立てている筆者からすると、それはとても厳しいことである。本来、仕事は短時間で終わらせ、終わったらすぐに次の仕事に取り掛からねばならない……。そう考えると、とてつもなく大きな挑戦を抱え込むことになっていた。

だが、それまで筆者は、病気や健康の問題を、音・色・周波数といった波動の観点で捉える研究を行ってきて、近年、着実に進展を得てきていた。今や様々な病気や怪我は波動の乱れとして問題となる周波数が測定され、音や色を使った施術で効果が得られる時代になっている。生物の健康のバランスを波動で捉えれば、同波長の音や色がホメオパシー的に効力を持つメカニズムも分かれば、色相環でいうところの補色の関係から対立波長（色・音）利用の有効性も評価できるようになる。

重い物体を一定のリズムで繰り返し揺すっていくと、次第に振幅が大きくなり、最終的には転がすことができる。これは、物体の形や重量・材質等に応じた固有振動数に働きかける振動（波動）を利用して、効率的に物体を動かす方法である。もちろん、この程度では巨石を運搬したり、持ち上げたり、組み上げることはできない。だが、現代人が想像する以上に古代の賢者たちは波動に関して深い知識を持っていて、そんな波動に関する知恵をさらに発展させたに違いないと筆者は考えた。

そして、もし古代人が本当に空中浮揚の技術を持っていたのだとしたら、過去数千年間、誰も解いたことのない難題であったとしても、波動の観点でアプローチしてみれば、そんな大いなる謎も解明できるかもしれないと愚かにも考えるようになっていた。

一方、自然にはまだまだ我々には知りえない神秘的な裏の顔がある。そんな裏の顔を垣間見るには、自然の営みを注意深く観察すると同時に、自然と同調することが求められる。特に古代人はそれを実践していたはずである。もし現代人が見落としてきたことがあるとすれば、そこにあるのではないかと筆者は考えた。そのため、自然観察と自然との同調という基本姿勢を持って考察を行えば、必ず答えは見つかるのだとも考えるようになっていた。

そうして情報収集のあとに思索にふけっていた２０１５年7月31日の午後、少し疲れて力を抜いた際、ついにある閃きが舞い降りてきた。これで本書を書き上げることができる。古代人が使いこなした反重力テクノロジーの謎が解けたのだ。いや、馬鹿者の頭からすると、きっと解けたに違いないと思えただけかもしれない。

現状、巨石を利用した実証実験に成功したわけではない。主に資金的な問題ではあるが、研究自体の継続だけでなく、検証を行うこと自体にも困難が伴い、あくまでも類似したアプローチや関連した実験をたまに試みることしかできないでいる。それは歯がゆいことである。

だが、筆者は空中浮揚に関する数々の伝承や不思議な自然現象、さらに過去に成功したとされる発明家や研究者による具体的事例を精査したところ、既に言及したように、意外な共通点や法則性を見出すことに成功した。そして、古代人の知恵に感銘を受ける中、空中浮揚のメカニズムが浮かび上がってきたのだ。やはり、彼らは注意深く自然を観察して、自然が生み出す妙技を理解していただけでなく、体得していたのだと感じた。

空中浮揚は一つの方法に限られるわけではない。いくつか方法がある。だが、筆者は古代人でも可能だった方法に重きを置き、ハイテクを駆使した方法は排除した。21世紀という時代背景においては、ハイテクを利用した方がむしろハードルは低くなるだろう。だが、あえて高いハードルを選択した理由は、自然を尊重した古代人に対する筆者なりの敬意である。

古代人でも可能であった方法を前提とすると、一つとして同じものがない天然の素材を用いなければならない。また、実験環境によっても結果が異なる可能性が考えられる。筆者の考えでは、試行錯誤の中で、辛抱強い現場作業がモノをいう。実証実験には、資金だけでなく時間も要する。そんな難題を前に手をこまねいていても埒が明かない。また、世界人口が増え続ける中、地球環境の破壊が取り返しのつかないレベルまで進みつつある現在、「知」の停滞を起こしてはいけない。重力制御技術はいわゆるフリーエネルギーとも密接に関わっているため、ひょっとすると、馬鹿者の妄想が新たな馬鹿者にさらなる妄想の火をつけることも重要なことかもしれない。そのようにも考え、空中浮揚にまつわる世界各地の伝承や神秘現象に触れながら、筆者が知り得たメカニズムの概要を分かり易くまとめ、公開・解説する決断を下した。それが本書である。

だが、本書で展開される内容を理解するためには、従来の科学的・学問的な思考や常識は邪魔になると思われる。むしろ、既成概念や専門知識から離れ、素直な心で受け止められるような、文科系の読者の方が相応しいかもしれない。

本書においては、筆者の試行錯誤の過程もあえていくらか含めた。そのため、読者は途中段階で不可解に感じることもあるかもしれない。だが、読み進めるうちに、軌道修正されていく部分もあるだろう。そのようなことも念頭に、読者には筆者の思考過程を追体験して頂きたいと思う。尚、従来の科学的常識では合理的な説明が困難な部分もあり、誰でも分かるように解説するという使命を感じながらも、ある個所では十分にそれを果たせなかったかもしれず、非常に苦労したことはお断りしておきたいと同時に、ご容赦頂きたい。

　だが、本書は世界で初めて空中浮揚＝反重力のメカニズムと方法論を具体的事例を挙げて詳細に分析・解説したものである。過去に、筆者以上に空中浮揚＝反重力の謎を理解していた人々は少なからずいたことを知ったが、彼らは決して詳細を語らなかった。発見や発明に対する対価を得ることなく、彼らは詳細まで語ることはない。結局のところ、せめて自分が生きているうちは、秘密の知識を部分的に利用した商品の販売や、知識を小出しに提供することで、生活の糧を得ていく方が得策だからである。貨幣経済に基づくこの世の中においては、人々はお金を得るために仕事をせねばならない。それが何事にも優先されるのだ。そのため、現在でも発明家たちは決して詳細まで語らない。自然環境と我々の生命が脅かされようとも、自分の人生をかけて発見した秘密をタダで公表する者は馬鹿者以外の何者でもないのである。

　だが、それによって知識の継承はなされず、自然環境の破壊も続き、歴史は流れてきたのである。そして、自然界の法則に従えば、最終的に我々の文明は滅びることになる。

　我々はそのシナリオに納得しているのだろうか？　今の時代にこそ馬鹿者は必要である。

　この空中浮揚＝反重力の技術は、人類が長年夢見てきた、いわゆる永久機関に限りなく近いものをも生み出し、科学・産業の分野に革命的な変化をもたらすものである。そして、実証実験に成功し、世界的に普及すれば、少なく見積もっても、世界中の人々の価値観もライフスタイルも一変してしまうだろう。それだけ、この技術が人々に与えるインパクトは大きい。

本書が馬鹿者による妄想の産物に過ぎないのかどうか、読者自身も主体的に考えて頂き、できれば辛抱強く実験を試みて、筆者が取り組んだ研究の完成と検証を行って頂きたいと思う。

そして、馬鹿者による妄想が真の輝かしき馬鹿者を生み出し、自由に情報が公開され、我々が地上の生き物たちと健康的に共生していけるようになることを筆者は願ってやまない。

新装増補版に寄せて

筆者は2015年春に本書（『ついに反重力の謎が解けた！』）の執筆を始め、出版に至ったのが2017年4月のことだった。多くの時間を要して調査を行っただけでなく、その何倍もの時間を思索に費やして書き上げたものである。

古代人が重力を克服して巨石を運搬した謎に迫ることを目的としたもので、古代人が持ちえた技術を推理しながら論を進めた。筆者自身の謎解きと原稿の執筆が重なっていたため、ある段階に到達するまで完成が見えないプロジェクトだった。極めて難易度が高いテーマだった。責了ギリギリまで原稿の手直しに追われた。

そんなこともあり、出版されてから、本書のタイトルに気付いた。筆者が希望していたタイトルとは異なり、「古代」という文字はなかった。また、最後に付けていたクエスチョンマークも消えていた。これでは読者に誤った印象を与えてしまう……。しかし、それはあとの祭りであった。責了までに訂正するよう指摘できなかった自分が悪かった。そして、予想通り、読者から批判的なコメントが絶えなかった。その後、数年間苦しみを味わった。

しかし、先入観なしに本書に接して頂ければ、古代に存在した巨石の運搬・加工技術について数多くの発見があるはずである。特に反重力と関わる事例については、世界中探してみても他にこれ以上のものは見つからないはずだと自負できるレベルの情報・考察を含めたつもりである。増補新装版においては、第七章を追加し、反重力のテーマにおいては欠かせない「3：6：9」の謎についても紹介することにした。読者の皆様には、意外な事実を驚きと興奮を持って楽しんで頂きたいと思う。

技術的なことで、公開がはばかられる情報も多々あったため、すべてを語ることができたわけではない。だが、細部を読み込んで頂ければ、読者自身で謎解きを進めることができるように数多くのヒントをちりばめたつもりである。婉曲的に含めたため、見落としてしまった読者も少なからずいたものと思うが、筆者としては、大変なことを記したと思っている。

記された文字をただ追いかけているだけではまったく気付かないだろうが、考えながら、時間をかけて読み進めて頂ければ、気づいて立ち止まり、発見を得る読者もいるのではなかろうか。そんなことを念頭に、時代背景も意識して、ゆっくり考えながら読み進めて頂けたら幸いである。

水守　啓

消えた古代科学の叡智　反重力を今に解き放て！　目次

第一章　先人たちは空中浮揚を実現していた⁉／現代科学を突破するシステム

第二章 音叉と椀状石（わんじょうせき）の謎／謎を解くカギは可動性を高める振動⁉

カバーデザイン　重原隆
本文仮名書体　文麗仮名（キャップス）

序章

石は軟らかくして削ればいい!?／ついにわかった「ハラッケーハマ」の秘密

ピラミッド用巨石運搬に使われていたナゾの金属棒

西暦896年頃にバグダッドに生まれたアラブの歴史家マスウーディーは世界中を旅して見聞を広めた。エジプトを訪れた際、マスウーディーは驚くべき方法でピラミッドが建造されたことを知り、947年の著作にそれを留めている。彼が描写したピラミッド建造のプロセスは以下である。

ピラミッドの建造にあたり、造り手たちは「魔法のパピルス」と言われるものを、巨石ブロックの下に敷いた。

歴史家マスウーディー

そして、石は金属棒としてだけ描写されてきた謎めいたものによって一つずつ叩かれる。そうすると、驚くべきことに、石はゆっくりと空中に浮揚し始め、従順な兵士が絶対的な命令に従うように、ゆっくりと、規則正しく、一列に、舗装路のはるか上を進んだ。舗装路の両側は、やはり謎めいた金属棒(ポール)で囲まれていた。

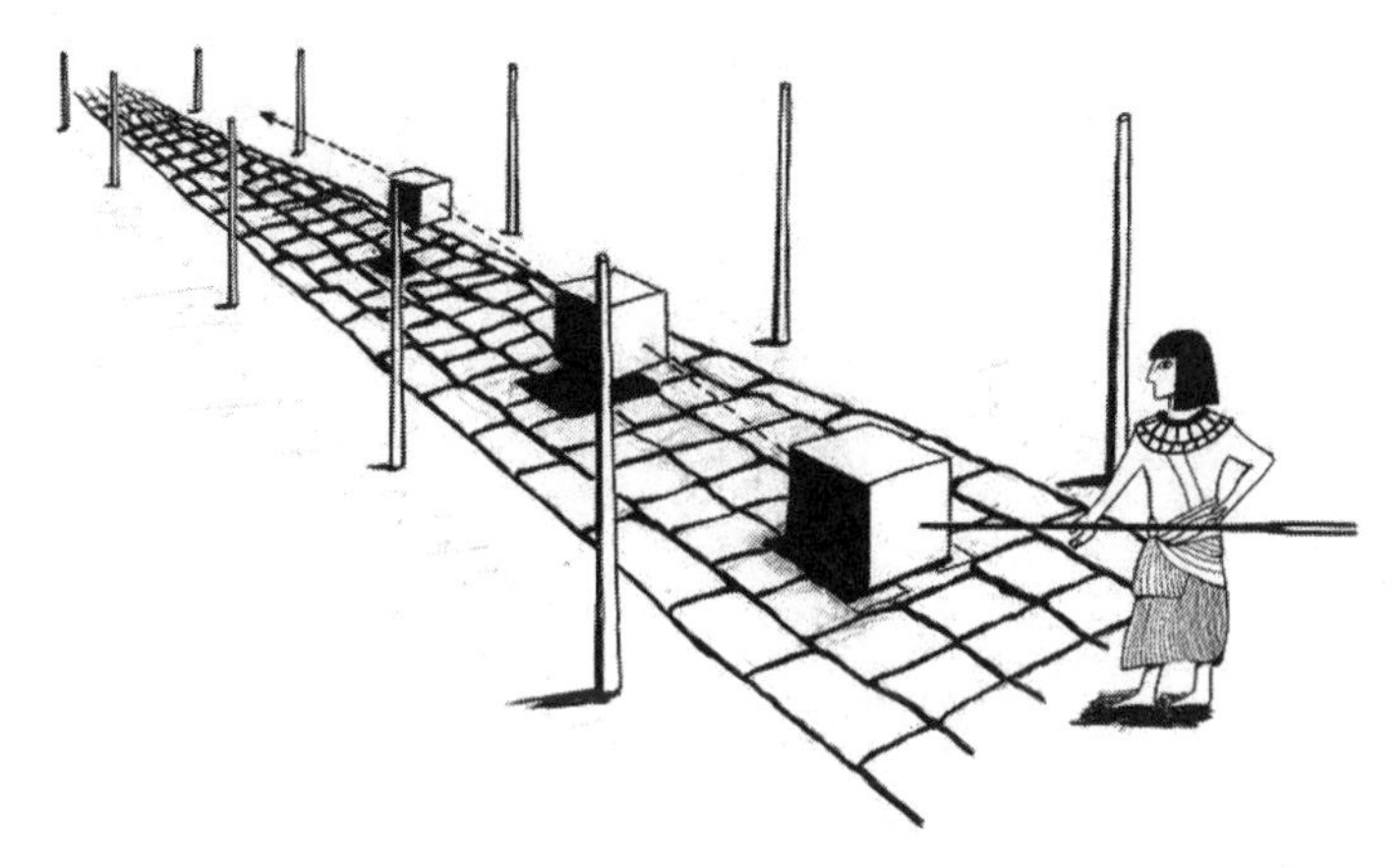

マスウーディーの記録による巨石運搬法想像図

通常、その謎めいた突き棒だけが用いられ、巨石はその棒を持つ者の前方に45メートルほど進むが、彼はそれらの石がゆっくりと地面に着地するまで軌道上に留まるのを見届ける。

その後は、このプロセスがそっくり繰り返される。もう一度石は叩かれ、地表から浮き上がり、再び望む方向にさらに45メートルほど移動する。この反復作業はすべての石が目的地に到着するまで続けられる。

そして、はるかに複雑な離れ業として、今度はもっと高く空中に浮揚させるように石が叩かれる。それらが望む場所に到達すると、慎重に、しかし信じがたいほど簡単に、手だけを使って一つずつ石を所定の場所に操り、最終的に巨大なピラミッドが完成した。

このマスウーディーの記録を読んで、おそらく読者はそんな馬鹿なことはありえないと思うに違いない。確かに、この作業を説明しうる科学的根拠を見出すことは至難の業であり、仮に本当にこのような方法で可能であったとすれば、それはまさに魔術や超能力のなせる業としか言いようがないだろう。

だが、マスウーディーのこの描写はあまりにもシンプルなものであり、何か詳細が抜け落ちているのではなかろうか？　マスウーディーは10世紀の歴史家であり、もちろん、ピラミッドの建造をリアルタイムで目撃したわけではない。彼に伝えられるまでの間に、いくらかの情報が欠落し、極めてシンプルな方法で行われたことが強調されてきた可能性はないだろうか？

今となっては詳細が得られず、想像の域を出ないものの、これは筆者にこんな疑問を抱かせた。

例えば、巨石の下に敷かれたパピルスは、舗装路に使われていた石と、運ぶ石との間の接触面を減らすか、絶縁効果を生むもの、あるいは、斥力（同じ極性同士による反発力）を与える永久磁石のプレートのようなものだったのだろうか？　舗装路の両側にあったとされる金属棒（ポール）は、空中浮揚して移動する石に対して、電磁気的に斥力を働かせ、軌道から逸れることを防ぐ目的で使われていたのではなかろうか？　また、運搬用の石を金属棒で叩いたのは、本書でのちに触れていくが、石に振動を与えるためで、さらに、その振動をできるだけ減衰させないように、もう一度突いて前方に飛ばしたのではなかろうか？

筆者がこのような疑問を抱いた理由、そして、その内容の妥当性に関しては、本書を読み進めていくうちに次第に明らかとなっていくだろう。

古代エジプトではローテクとハイテクが共存していた

　ピラミッド建造に利用されてきた石は、数十トンもの巨石もあるが、平均して2・5トン程度である。定説では、石を載せたソリを、並べた丸太の上に載せて、大勢の人々がロープで引っ張って運んだとされる。事実、エジプト中期のジェイホテプの墓に残されていた絵を見ると、それが正しかったことが示唆される。

　ただ、その絵をよく見てみると、ソリの下に丸太は描かれていない。その代わり、ソリの先頭では水のような液体が撒かれている。おそらく、砂漠のような砂地ではコロは役に立たず、水で砂を固めて、摩擦抵抗を小さくしたのだと思われるが、ソリの底

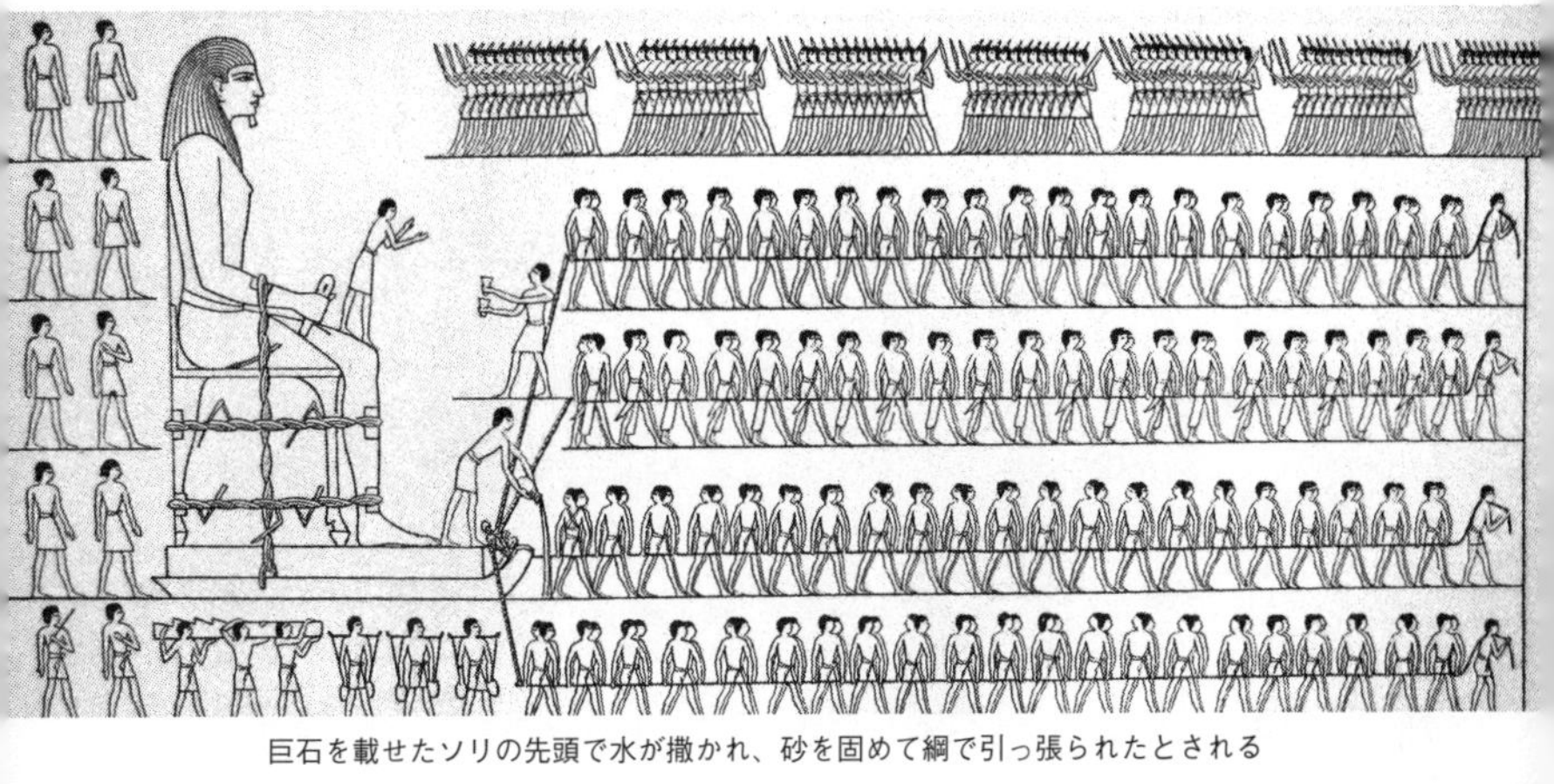

巨石を載せたソリの先頭で水が撒かれ、砂を固めて綱で引っ張られたとされる

部に何か特別な仕掛けでもあったのだろうか？

いずれにしても、たくさんの労働者が力を合わせて巨石を引っ張って移動を行ってきたことは間違いないだろう。では、マスウーディーが記録に残した魔術的な運搬方法はいったい何を意味するのだろうか？

仮にそのような未知の方法をハイテク、大勢の人々がロープで引っ張って運ぶ方法をローテクと呼べば、筆者の考えでは、古代エジプトではローテクとハイテクが共存していた。いや、古代エジプトに限らず、メソアメリカ文明を含めた世界中の巨石文明においても、程度の差こそあれ、その傾向が認められるように思われる。一部の人々だけが高度な知識と技術を有し、それが使われた形跡があるものの、平均的な人々には分からず、十分に継承されることはなかったのではなかろうか？

石の切断や加工の技術に注目してみると分かりやすい。

例えば、次の写真は、ギザの大ピラミッド東側の足元に存在する玄武岩を拡大したものである。高さ50センチほどの場所に直線的な切り込みが入っているのが分かる。現代人であれば、玄武岩や花崗岩のような硬い石に切り込みを入れるためには、ディスクグラインダーのような電動工具を利用する。但し、ディスクグラインダーの刃の直径は小さいので、これほど深く長く刻むことはできない。業務用の大型切断機が必要である。だが、当時そんな機械があったと

舗装路の石(玄武岩)に直線的な切り込みが入っている　Photo by Jon Bodsworth The Egypt Archive

拡大写真　Photo by ancient-wisdom.com

石や金属を切断するディスクグラインダー

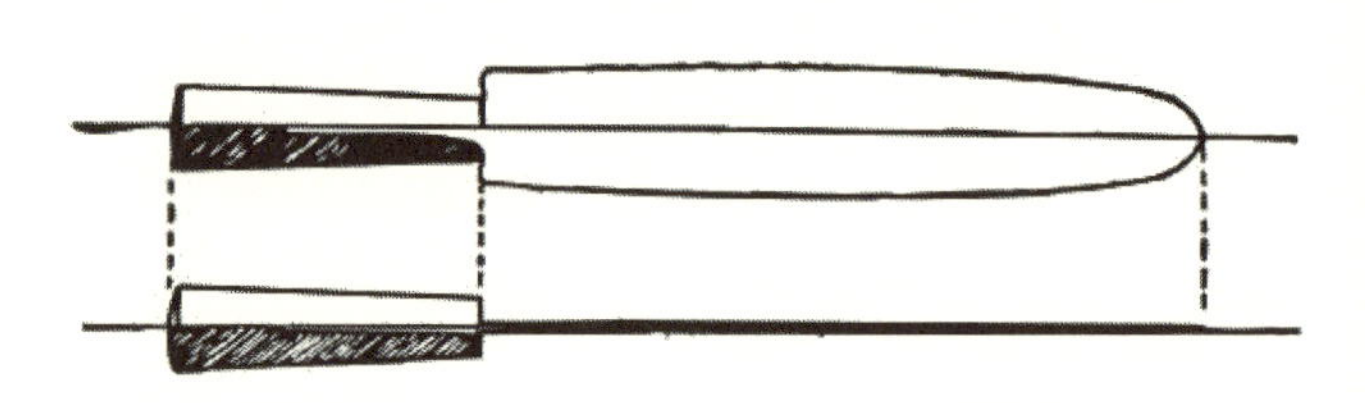

古代エジプトで使用されたと思われる銅製の鋸。これで玄武岩を切ることができた？

（図：Ancient Egyptian Stoneworking Tools and Methods より）

は考えにくい。長い彫刻刀のようなものを使って手作業で直線的に削っていくことも非現実的と思われるため、ここでは刃渡りの長い鋸（ノコギリ）が使用されたと思われる。

英国人で最初のエジプト学者のサー・ウィリアム・マシュー・フリンダーズ・ピートリー（１８５３－１９４２）は、大ピラミッドの王の間の石棺には鋸の歯の跡が残されており、少なくとも刃渡り２・７メートルの鋸が存在していたと分析している。だが、石棺は完璧な平面であり、現代の技術でもあれだけフラットな面を削り出すことは至難の業だと言われている。しなることすら許されない鋸でも存在したのであろうか？

石にどうやって穴を開けていたのか？

また、エジプトの遺跡からは穴の開けられた石がたくさん発見されており、それらは円筒形に見事にくりぬかれている。現代の我々であれば、振動ドリルやハンマードリルを使用する。そして、たくさんの岩粉が生み出される。

もちろん、紀元前数千年という時代に振動ドリルやハンマードリルのような電動工具は存在しないはずである。古代エジプト人は手作業で穴を開けていったと考えられる。硬い花崗岩や石灰岩に手作業で綺麗に穴を開けていくには高度な技術を要したと思われるが、決して当時の

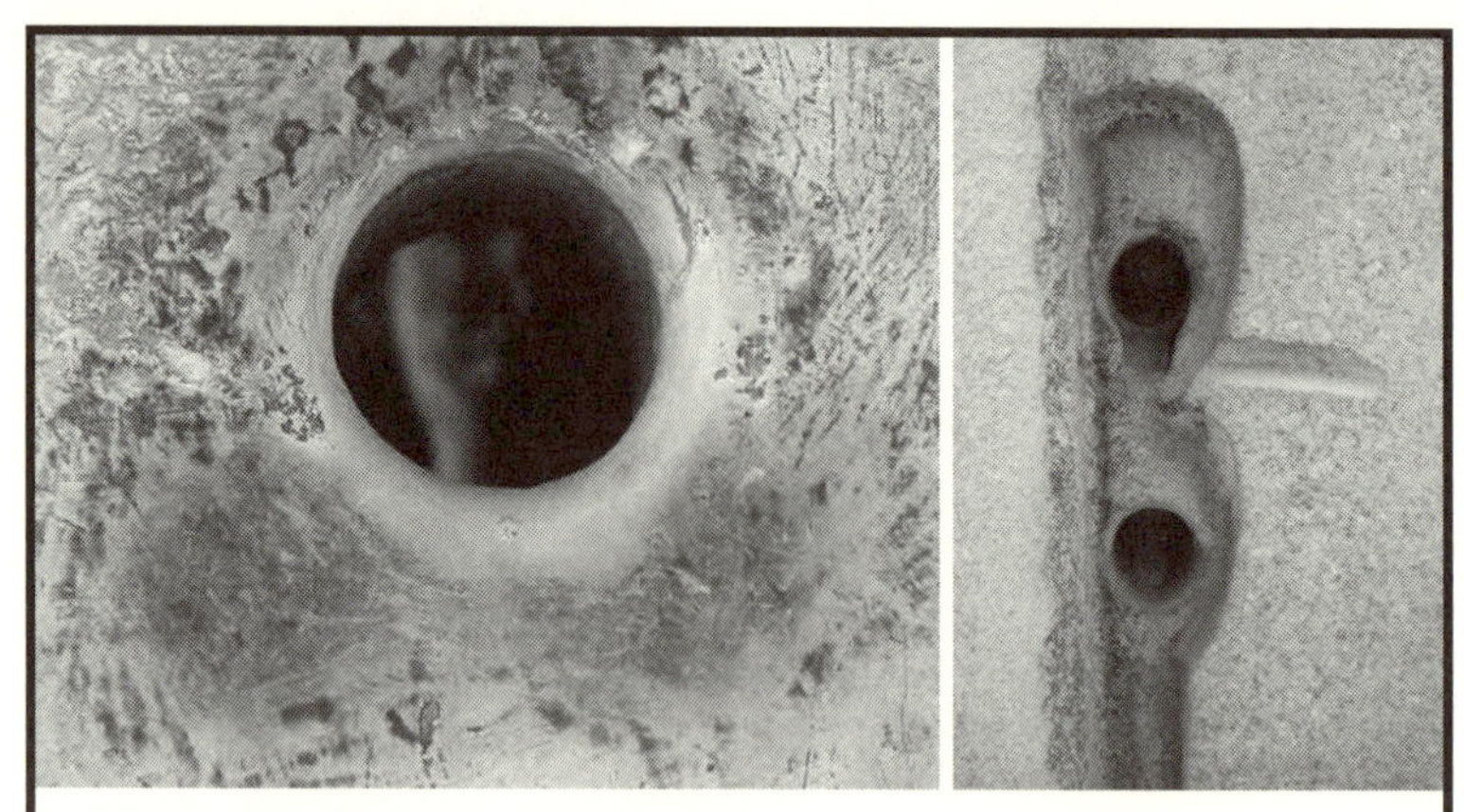

左写真：サッカラの階段ピラミッドの北側基部のジョセル王安置室の壁（石灰岩）に開けられた穴
Photo by Jon Bodsworth The Egypt Archive
右写真：ペピ２世のピラミッド近くの花崗岩の扉用まぐさ石に開けられた直径約10センチの穴
Photo by Jon Bodsworth The Egypt Archive

ハンマードリル

驚くべき精度で石を加工して作られた工芸品
Photo by Spirit & Stone, TheGlobalEducationProject.org

技術で不可能だったとまでは言えない。

だが、現代人が行ったとしても難しいと思われる工芸品も多々発見されている。例えば、サッカラの階段ピラミッドの周辺では注目すべき工芸品が発見されており、カイロのエジプト考古学博物館に所蔵されている。前頁下の写真は、注ぎ口さえあれば急須のような形をした器であるが、驚くべきことにこれは石でできている。直径9インチのこの器には直径3インチの穴が開けられているだけであり、内部が綺麗にくりぬかれている。曲面は完璧で、粘土を固めて焼いた陶芸品ではない。

また、紀元前3000年頃に作られたと考えられているものだが、複雑に薄く加工された工芸品もある（P32写真参照）。これは、現代のフライホイール（回転を安定させる機械部品）に酷似するとして、一昔前まではオーパーツ（場違いな加工品）として知られてきたものである。

筆者はこれをオーパーツだとは考えないが、注目すべき点はその材質である。これは、金属でも粘土でもなく、変成堆積岩に分類される岩石でできているのだ。これだけ薄く加工するには、極めて慎重に削っていかないことには、簡単にパリッと割れてしまう。どのように削っていったのかは研究家らが仮説を提示しているが、相当に根気のいる作業だったことは間違いないだろう。

ここで、もう一つ注目しておきたい点がある。このフライホイールのような工芸品だが、不

Photo by Lawton and Ogilvie-Herald, Giza the Truth, John Reid.

紀元前3000年頃に変成堆積岩を加工して作られた工芸品　Photo by Anthony Sakovich

思議に形が歪んでいるようである。相当な時間をかけて、計画的にヤスリで削っていった工程を考えると、歪みはほとんど生じないはずである。なぜなのだろうか？　この疑問を解く鍵はのちに触れることにする。

古代エジプト人は穴開けの名人だった⁉

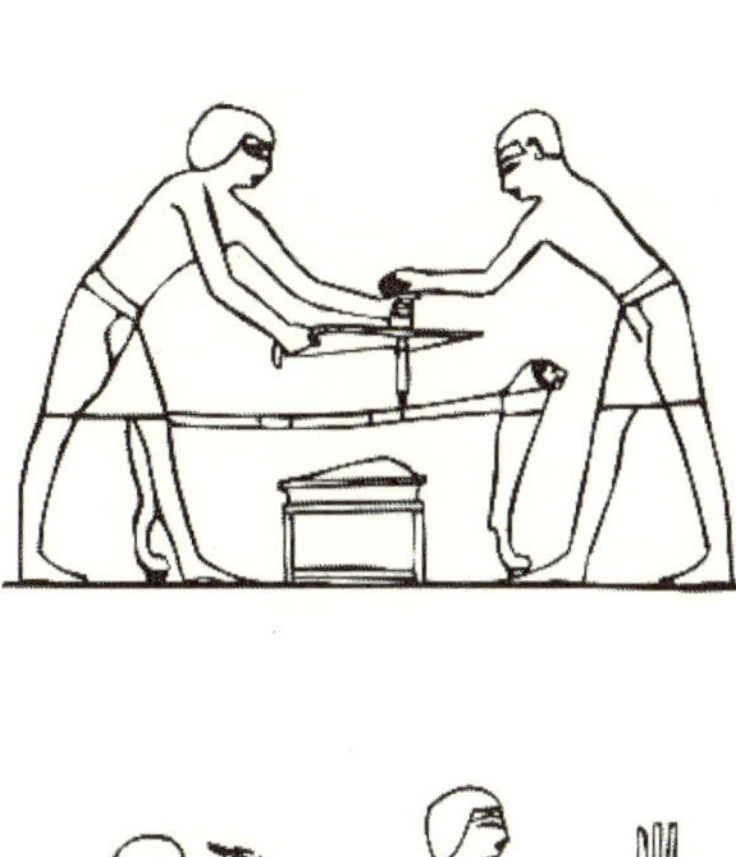

古代エジプトの都市テーベの墓に描かれていたもので、上図は大工、下図はビーズ職人
（図：Ancient Egyptian Stoneworking Tools and Methods より）

古代エジプトの人々は穴開けの名人だった。その方法は残された絵から窺い知ることができ、弓錐が利用されていたことが分かる。つまり、穴開けドリルとして錐（きり）が用いられ、錐の柄に弦を巻き付けた弓を往復させることで回転が与えられていた。大きめの穴を開ける際には、数本の錐が同時に使われていたことが分かる。

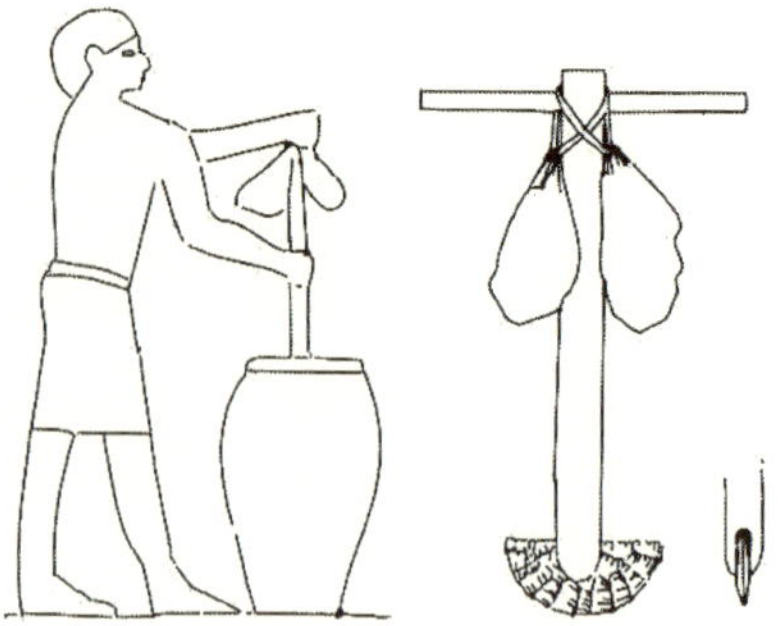

ドリルで穴を開けて壺が制作される様が描かれたもの
（図：Ancient Egyptian Stoneworking Tools and Methodsより）

上図をご覧頂きたい。これは大きな瓶の中で粉をひいている様子が描かれたものではない。瓶そのものを制作している様子が描かれている。そこで利用された道具が右のものである。先端には円盤を半分にしたような刃（おそらく硬い石）が付けられ、それを回転させることで、少しずつ底部を削っていく。石を削るためには大きな圧力が必要となるため、柄の部分には石を詰め込んだと思われる袋が左右均等に吊り下げられている。のちに触れるが、古代エジプトでは大きな負荷を与えて削る方法が採用されていたことが分かる。

ここまで紹介した事例に関しては、時間は要するかもしれないが、比較的ローテクでなんとか対処可能なことかもしれない。だが、もっとよく調べてみると、一つ穴を開けるだけのことにおいても、古代エジプト人は無駄を省いて効率的に穴を開けていた事実が浮上してくる。

次の写真をご覧頂くと分かるように、穴が最も深く凹んでいる部分は外輪部分であることが分かる。通常、ドリルで穴を開ける場合は、ドリルビット（刃）の中央先端部分が尖っているため、穴の中央部が最も凹むように削られていく。だが、エジプトで発見された穴の多くは外

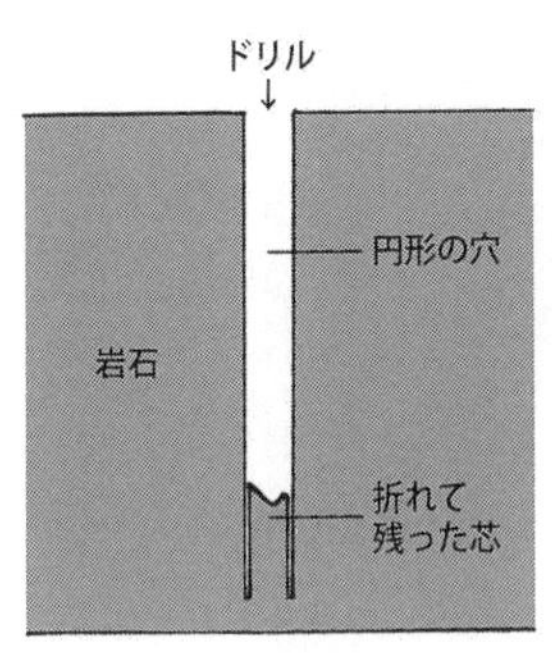

石に円筒形に穴が開けられたことを示す断面図

丸い穴の外輪部が深く彫り込まれているのが分かる
Photo by Lawton and Ogilvie-Herald, Giza the Truth

輪部が深く削られているのだ。

つまり、パイプ状の刃が使用されていたことが分かる。パイプの先がギザギザの刃となっていて、そのパイプを岩石表面で回転させるのだ。そうすると、美しい穴が開けられるだけでなく、削り出される岩粉の量も極めて少なくて済む。次の図はその切断面を示したものである。

地質調査のボーリングマシンと同じような方法が古代エジプトで採用されていたことは、次頁の写真からも明らかである。玄武岩という極めて硬い岩石を掘削した後の芯が残されているのだ。しかも、驚くべきことに、芯の中にさらに径の小さな穴がきれいに開けられている。小さな穴と芯の外輪との距離は、最も短いところで1～2ミリ程度ではあるまいか。割れずしてこのような芯を残す技術が紀元前2500年頃に既に存在していたことは極めて興味深い。

現在、我々が同じものを作るためには、図のように、いくつかの径のパイプ刃でまず切り込みを入れ、中心には通

エジプト第四王朝期の玄武岩製ドリル芯
Photo by John Bodsworth, The Egypt Archive

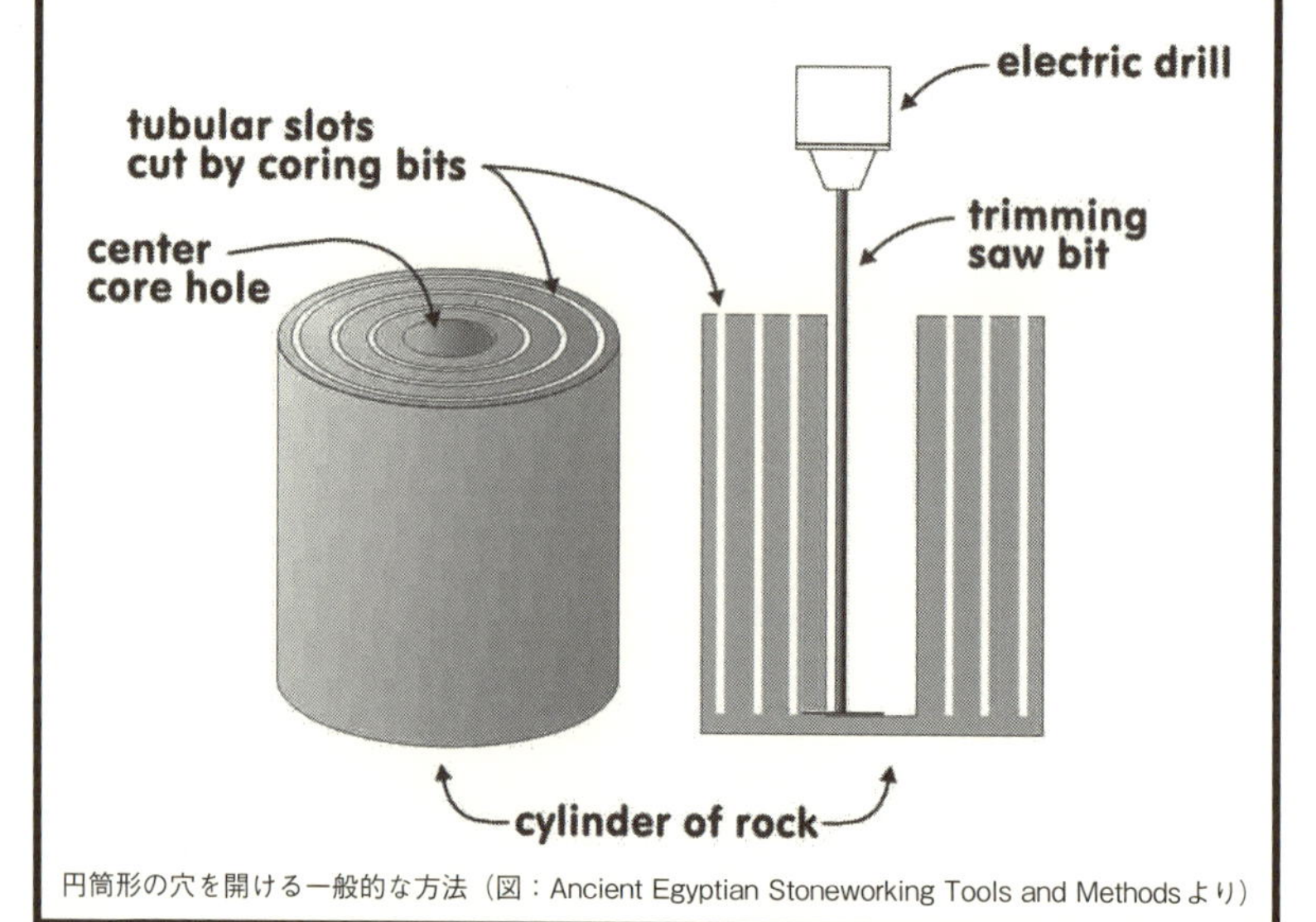

円筒形の穴を開ける一般的な方法（図：Ancient Egyptian Stoneworking Tools and Methodsより）

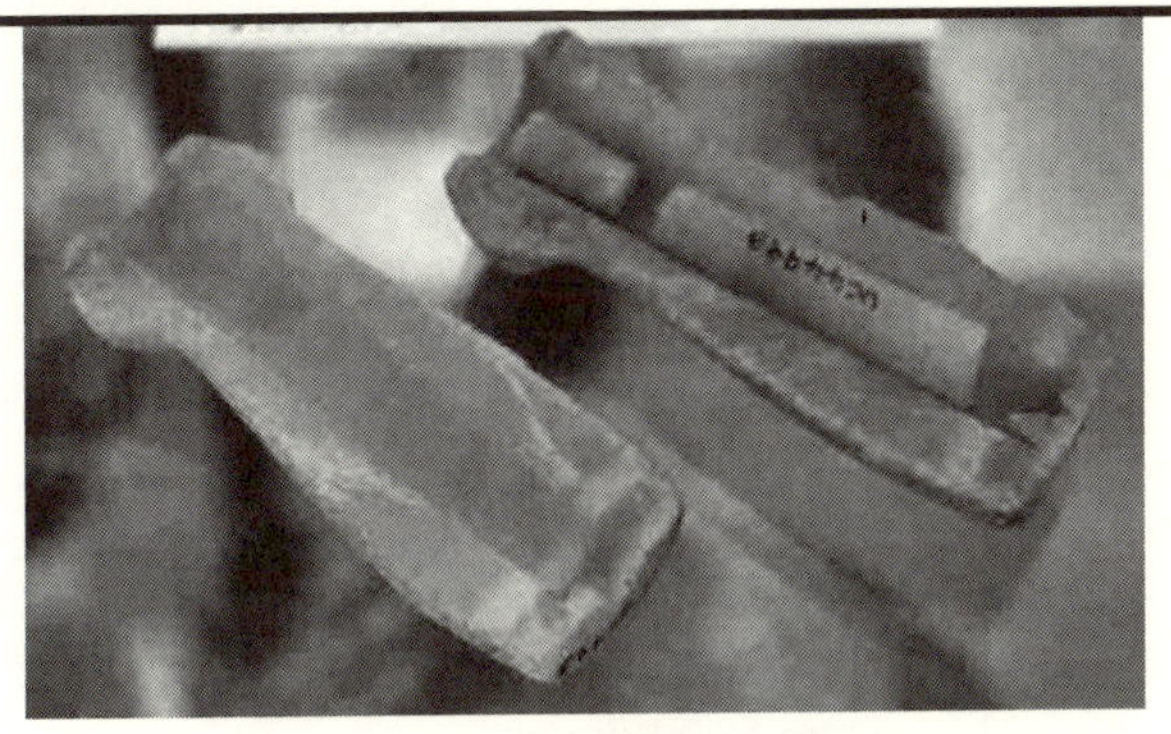

チューブ状ドリルで削られた穴と芯　Photo by Jon Bodsworth, The Egypt Archive

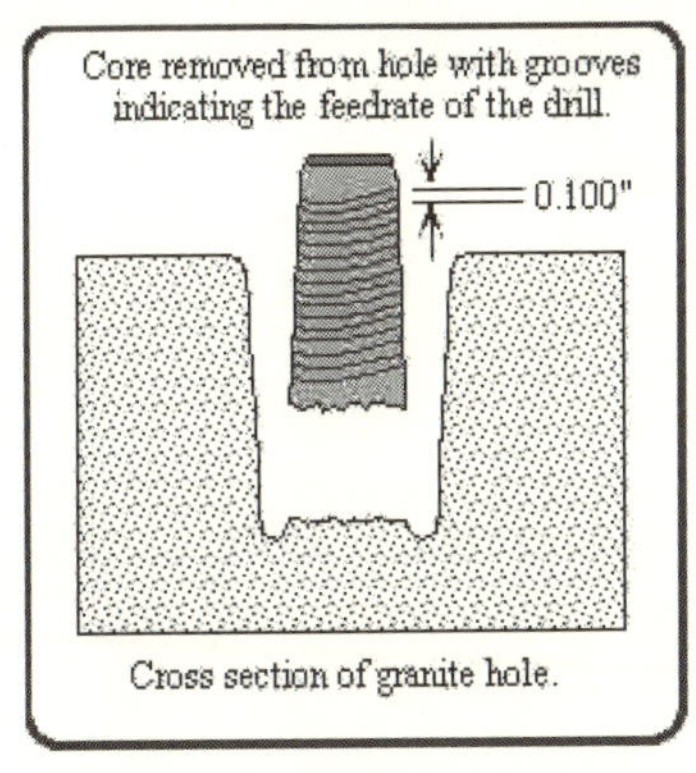

パイプ状ドリルの先端径はやや広がっている
Diagram by Christopher P. Dunn, Spirit & Stone, TheGlobalEducationProject.org

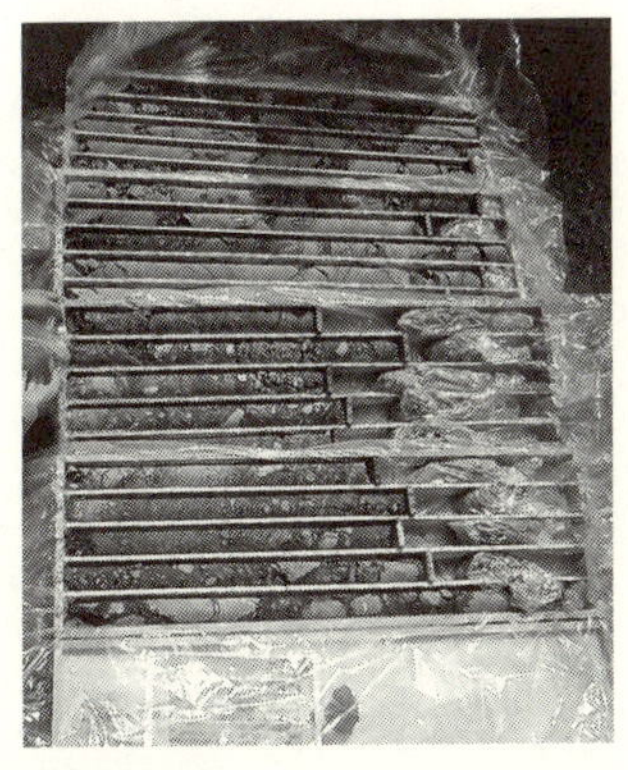

現代の地質調査のボーリングコア　Photo by 橄欖岩

常のドリル（芯が残らないもの）で穴を開ける。そして、トリミング用の特殊刃を付けたドリルを中央の穴の底に当てて、周囲の切り込みを入れた部分の底部を切断して、広い空洞部分を得る。

これは複雑な部類に入るが、円筒形の穴や芯はいくつも発見されており、穴の直径は小さいもので6ミリ、大きなもので70センチに及ぶ。そして、パイプ状ドリル刃の厚みは、1～5ミリという薄さである。また、奇しくも円筒形の穴は、正確に同じ直径が維持されているとは限らず、奥に向かうほど直径が小さくなっていくものもある。これは、先端径が次第に広がるパイプ刃を用いて、石と刃の間に生じる隙間に研磨材を入れることで生じる形状で、穴開け効率を高めた結果だったと推測されている。

古代エジプト人の穴開け方法

さて、古代エジプト人は具体的にどのように石に穴を開けたのだろうか？

一般にはＰ36の上図で示すような方法で掘削が行われてきたと考えられている。錐の先端にパイプ状の刃を取り付け、掘削ポイントに合わせて、錐の柄の上端を冠石で押さえ付ける。そして、錐の柄の部分に、弦を巻き付け、弓を前後させて回転を刃先に伝えて穴を掘るという方法である。

実際にこの方法で花崗岩の穴開けを検証してみた研究者らがいる。だが、読者も想像できるように、最初の削り出しで問題が生じる。錐の柄を冠石で押さえ付ける程度では、刃先が一点で固定されることはなく、削り出しの穴周辺が広く削れてしまうのだ。いくらか深く掘り進めると、周囲が壁となって安定して掘り進めていけるようになるが、その段階に至るまでの削り口が汚くなってしまう。また、垂直性の確保も難しい。パイプ刃の外側に、パイプ刃よりも一回り大きいもう一つのパイプを用意して、万力のようなものでしっかり固定してから掘り進めねば、実用性は得られなかったのではあるまいか？

特に、Ｐ40の下の写真のように、複数の穴を少しずらし、重ねながら削っていく場合には、この固定という問題が不可欠な要素となる。先ほどの芯と同様に、切断面の水平方向に筋が残されていて、ドリルが使用された形跡が見られる。とても鋭い切れ味の刃が使われていたのだろうか？

一般には、古代エジプトでは紀元前３５００年頃に銅（青銅）の冷間加工（常温加工）と精錬が始まっていたとされる。そのため、研究者たちの間では、厚さ5ミリ程度のドリル刃に関しては、砂で鋳型を作り、熱した銅を流し込んでドリル刃を作り出していたものと考えられているが、それよりも薄いドリル刃に関しては、常温で叩いて作り出したと考えられている。そ

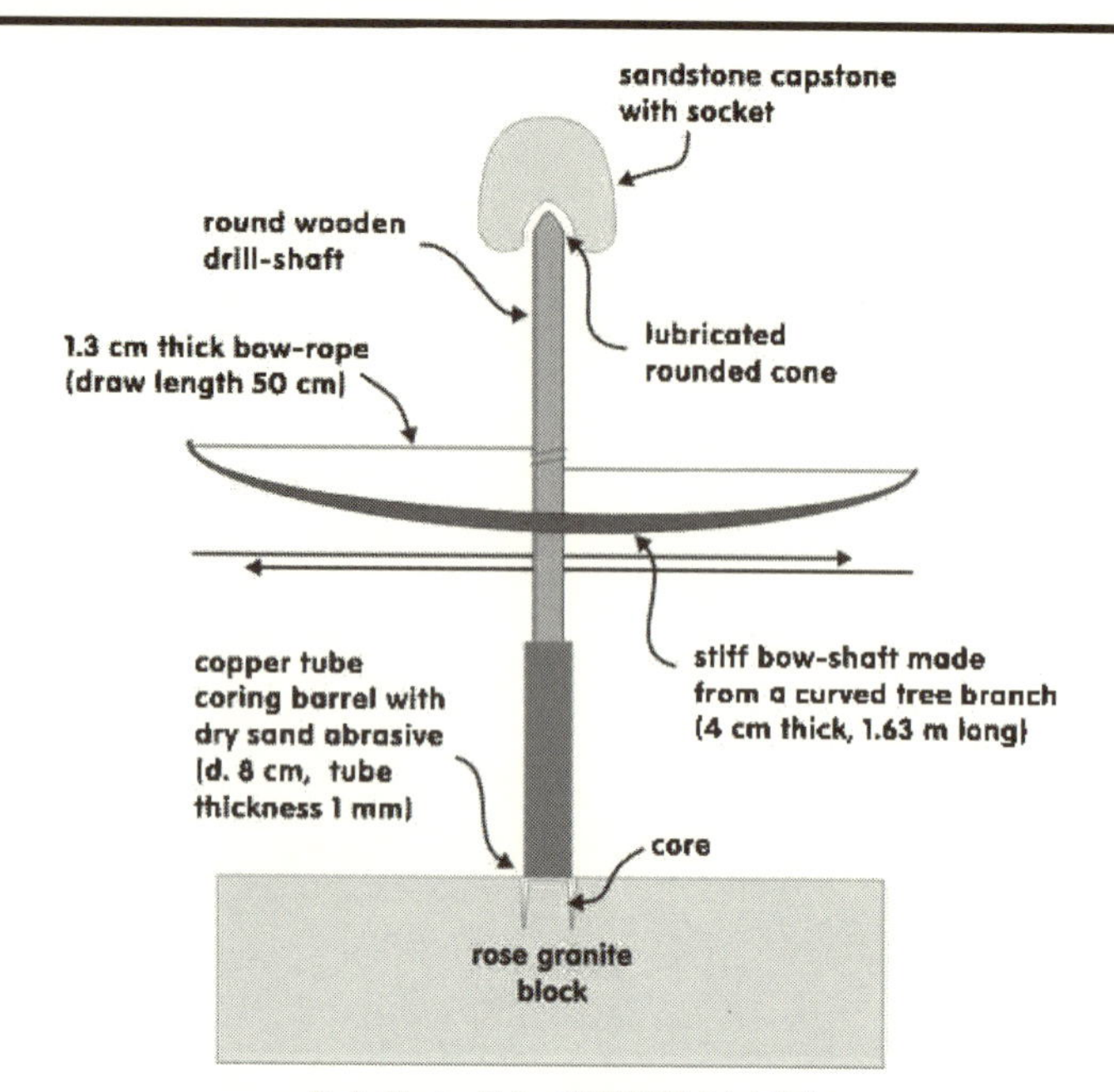

D. A. Stocksによって再現実験された方法
（図：Ancient Egyptian Stoneworking Tools and Methodsより）

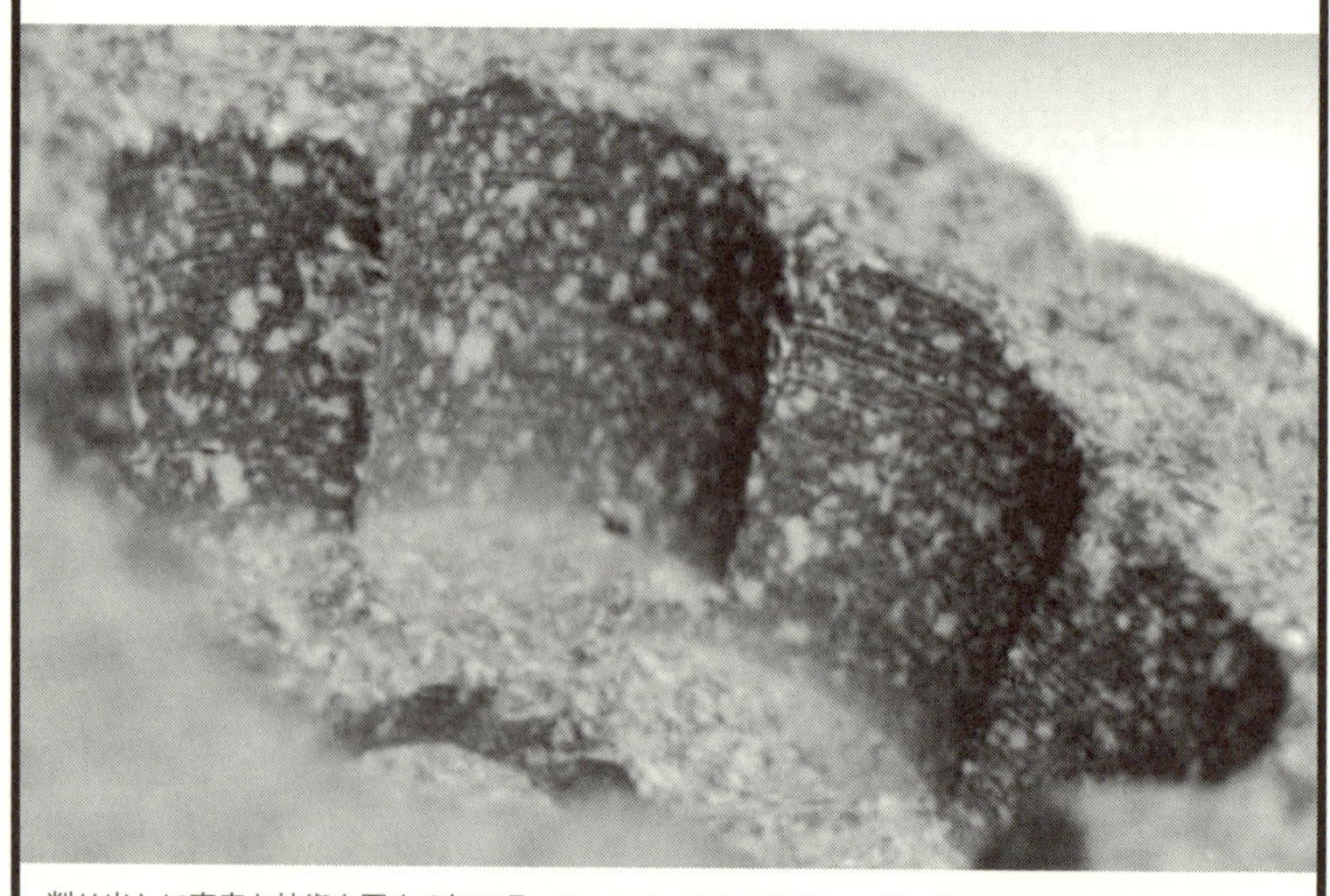

削り出しに高度な技術を要する加工品　Photo by Spirit & Stone, TheGlobalEducationProject.org

して、研磨材として、ダイヤモンドの粉末が使えなかった当時は、目の粗い石英粉が乾燥状態のまま使用されていたと推測されている（検証実験で、石英粉及び刃先を濡らして使用しても効果が得られないことが分かっている）。

しかし、アラバスター（方解石）のような比較的軟らかい石に穴が開けられる際にはあまり問題とされないかもしれないが、花崗岩や玄武岩といった硬い石に穴を開ける作業にどれだけの時間を要したのだろうか？　既に触れたように、検証実験は行われており、石英の粉末を研磨材に使用し、銅製パイプ刃を付けた弓錐を1［キログラム／㎠］の力で毎分60往復させると、花崗岩を1時間で5・2［㎤］削り、20時間で6㎝の深さの円筒形の穴を開けられることが分かっている。このぐらいのスピードであれば、何とか実用に足るレベルと言えるのかもしれないが、切り口を美しく保つための固定の問題は解消していない。

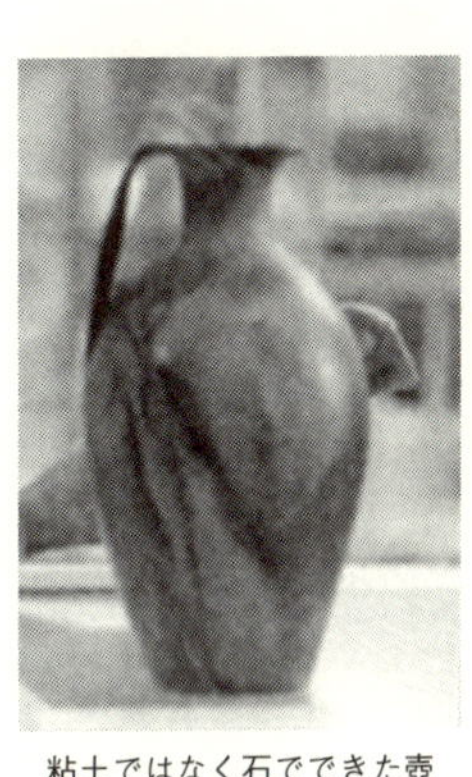

粘土ではなく石でできた壺
Photo by Spirit & Stone, TheGlobalEducationProject.org

また、穴を開けさえすれば良いという問題でもない。上の写真の壺も材質は石である。興味深いことに、上部の穴はとても小さい。垂直に穴を開けた後、そのドリル刃を傾けて、少しずつ内側をくりぬいていったものと想像されるのだが、制作期間はいったいどのぐらいを要したのだろうか？　エジプト第一王朝（紀元前3100年頃〜紀元前2890年頃）以後に制作された一部のものは中央付近で切断して、内部をくりぬいてから接合する方法が取られているが、この壺にはそんな裏技は使用されていないと思われる。当時のエジプト人たちは完成を気長に待つことは当たり前のことだったのだろうか？

インドでもみつかった完璧な円筒形の穴！

ところで、実は硬い岩をまるでドリルでくりぬいたかのようなものがインドにも存在する。チェンナイ（マドラス）の南約60キロに位置するマハーバリプラムには、高い技術と芸術性を備えた石造建築物が数多く残されており、花崗岩の岩山を掘削した石窟寺院や彫刻は特に有名で、世界遺産に登録されている。そんなマハーバリプラムに、驚くほど精巧な石の建造物があるのだ。少なくとも1300年前に造られたものとされるが、巨大な花崗岩に直径2・4メートル、深さ1・5メートルもの巨大な円柱状の穴が開けられている。PhenomenalPlace.com がYouTube 上で動画を通じて紹介しているが、それは大きな水瓶のようなもので、穴は完璧な円形でくりぬかれている。

古代エジプトの加工品ほど水平な掘削痕が見られないため、たがねとハンマーで削られて造

インドのマハーバリプラムにある花崗岩の建造物。内部が完璧な円筒形にくりぬかれている　画像：PhenomenalPlace.com

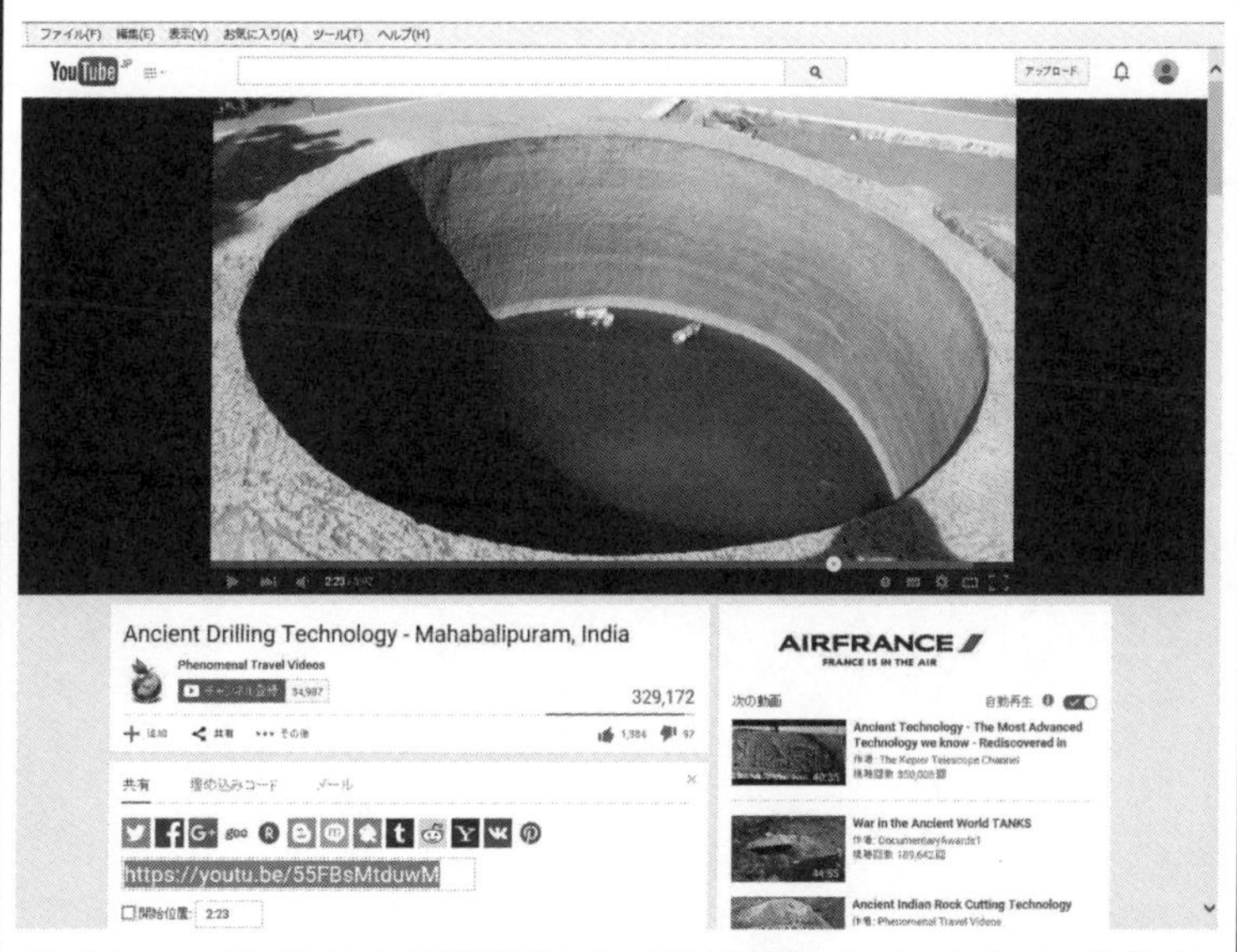

インドのマハーバリプラムにある花崗岩の加工品。完璧な円筒形にくり抜かれている。投げ込まれたペットボトルからその穴がいかに大きいかが分かる　画像：PhenomenalPlace.com

られたとされるが、その精度を考えると、まるで直径2・4メートルのパイプ刃を先端に取り付けた巨大弓錐によって開けられたかのようである。硬い花崗岩にこれだけ大きな径の穴を開けるには、当時としても高度な技術を要したと思われると同時に、どれぐらいの時間を要して削られたのか、我々に疑問を投げかけるものである。

このマハーバリプラムの建造物に関してはあまり調査が進んでいないようで、ドリルが使用された可能性が残されるのかどうかは分からないが、エジプトで発見されたものに関しては、実は古くから研究が行われてきた。そして、古代エジプト人たちは、実際のところ、穴開けにそれほど時間を要していなかったとする考察もある。というのも、穴が開けられた掘削面を見ることで、様々な情報が読み取れるからである。

削り速度は現代の500倍だった⁉

エジプト学者フリンダーズ・ピートリーは円柱形の芯の側面に刻まれた螺旋状の溝を調べ、6インチの円周を1回転で0・1インチ下降していることを発見している。そして、この60分の1という送り量（削り速度）は驚愕すべきものだと指摘していた。

研究家のクリストファー・ダン氏は、1983年に花崗岩の加工を行うオハイオ州デイトンのラーン・グラナイト・サーフェス・プレート社のドナルド・ラーン氏に問い合わせたところ、花崗岩の穴開けは毎分900回転のダイヤモンド刃ドリルを用いて、5分間で1インチのペースで行われるとの回答を得た。これは、1回転あたり0・0002インチの送り量に相当する。つまり、古代エジプト人の穴開けの際の送り量（削り速度）は現在の500倍だったことが判明したのだ。

となると、古代エジプトにおける穴開けドリルは、高回転型ではなく、高トルク型だったのだろうか？　そして、これは、石を詰め込んだ袋を柄に吊るして瓶を掘り進めた高トルク型の掘削技術と繋がるものなのだろうか？

しかし、精巧な仕上がりを見ると、疑問が生じてくる。高トルク型で送り量が大きければ、その分、切断面は粗くなるのが普通だからだ。それでは工芸品が壊れるリスクも高まる。

1883年、ピートリーは古代エジプトの工芸品を精査して、洗練された旋盤が使用されていたのは明らかだと評した。確かに、当時旋盤が存在した可能性は否定できないが、旋盤が存在したとしても、大きな送り量で薄く複雑な形状の工芸品を作り出すことは極めて困難だったように思われる。

ひょっとすると、未だに我々現代人が見つけ出すことができていない秘密の形状のドリル刃を用いることで、摩擦抵抗が減ると同時に切れ味が増し、送り量が大きくても、壊れるリスクは抑えられたのだろうか？　その可能性は十分に考えられるように思われる。だが、現時点で我々にはそのようなドリル刃は見当もつかず、ここではこれ以上この可能性を追究していくことはできない。

一方で、他の方法であれば、現代の我々が知るテクノロジーにおいて、考えられる方法はないわけではない。

それは、クリストファー・ダン氏他、有能な研究者らが唱える説であるが、超音波を利用したドリルの使用である。

超音波ドリルは、高速振動によって切れ味鮮やかな切断能力を発揮し、その消費電力も少なく抑えられることから、NASAは惑星探査における岩石サンプルの採取と分析にその技術を利用する研究を進めていた事実がある。

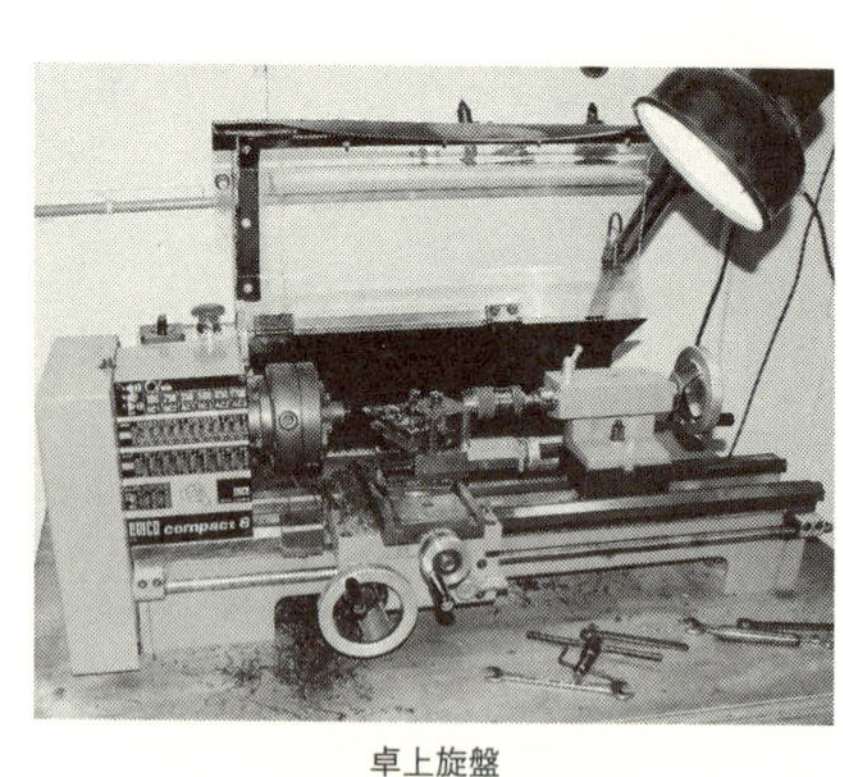

卓上旋盤

だが、今から数千年前のエジプトにおいて、超音波を利用できたと考えるのは飛躍が大きいようにも思われる。また、超音波振動で生み出される切断面では、送り量がむしろ小さくなり、表面がきめ細やかになるはずである。つまり、高トルク型とは対極の技術になる。その可能性はのちにあらためて触れるが、他にも何か方法があるのではなかろうか？

南米でも石にドリルで穴を開ける技術があった！

ここで、石の加工の第一歩、つまり、石の切り出し法について注目してみたい。

概してエジプト学者たちは、石の切り出しには、一定の間隔で石に刻み（穴）を開け、木のクサビを打ち込み、そのクサビを水で濡らし、膨張させることで割っていたと説明する。確かに、アスワンの採石場では、長方形の穴が残されており、最初に大きな石を切り出す際にはその方法が利用されていたと思われる。

先に触れたインドのマハーバリプラム一帯は、3世紀後半から893年までパッラヴァ朝が支配していた。その地での石の切り出しも同様の方法がとられていて、紀元前200年頃に始まり、紀元600年頃の王朝の全盛期にその技術が高度なレベルに達している。その方法は、次頁の写真のように、巨大な岩に一定間隔で穴を開け、そこに木製のクサビを打ち込んで、水またはお湯を流し込み、膨張させて切断したとされる。

このような石の切り出し技術は優れたものであるが、問題はそのあとの作業である。当時のインドの人々も同様だが、古代エジプト人たちは完璧な曲面や平面を備えた工芸品や石棺を加工でき、パイプ状ドリルを使用していたことを考えると、石のサイズをもう少し小さく切断し

パッラヴァ朝時代に石を切り出すために開けられた穴
画像：PhenomenalPlace.com

パッラヴァ朝時代に切り出された巨石の切断面にはクサビの跡が残されている
画像：PhenomenalPlace.com

ていく作業においては別の方法があったのではないかと思われるのだ。ドリルが使用できた以上、石を切断する際にもドリルで穴を開けることができたのではなかろうか？

そこで、エジプトではなく、南米での例に注目してみよう。

ボリビアにはプレ・インカ期のティワナク遺跡がある。遡れば紀元前数世紀頃にはその地で文明が始まっていたと考えられるが、破壊と風化に曝（さら）され、ピラミッド状構造物、住居、広場など、原型を想像するのが難しいものばかりである。

ティワナク遺跡の中でも5世紀頃に建造されたと言われるプマ・プンク遺跡においては、やはり破壊が進んでいるものの、高度な技術で切り出された石が多く目につく。石材には精巧な穴が開けられ、石と石の接合には砒素青銅製のI字型かすがいも利用されている。

そして、加工途中の石に開けられた穴の中には、石の切断が目的とされるものがあり、石材加工のプロセスが見て取れる。

例えば、P51の上の写真の石には、縦に溝が掘り込まれている。おそらく、その溝は長い鋸で刻みを入れられたものと思われるが、その溝の底に一定間隔でドリル痕が存在するのである。青銅による錐でこのような穴が開けられたのだろうか？　ドリル痕は綺麗な円形で、その溝に沿って力を加えれば、綺麗に切断されることが窺われる。

実際のところ、ドリル痕に沿って切断した結果と思われる石材も残されている（P51の下の

プマ・プンク遺跡（Photo by Janikorpi）
https://commons.wikimedia.org/wiki/File:Puma_Punku_landscape.JPG

プマ・プンク遺跡（Photo by Brattarb）

プマ・プンク遺跡　（Photo by ancient-wisdom.com）

縦に刻まれた溝の中に切断のためのドリル痕が一定の間隔で認められる

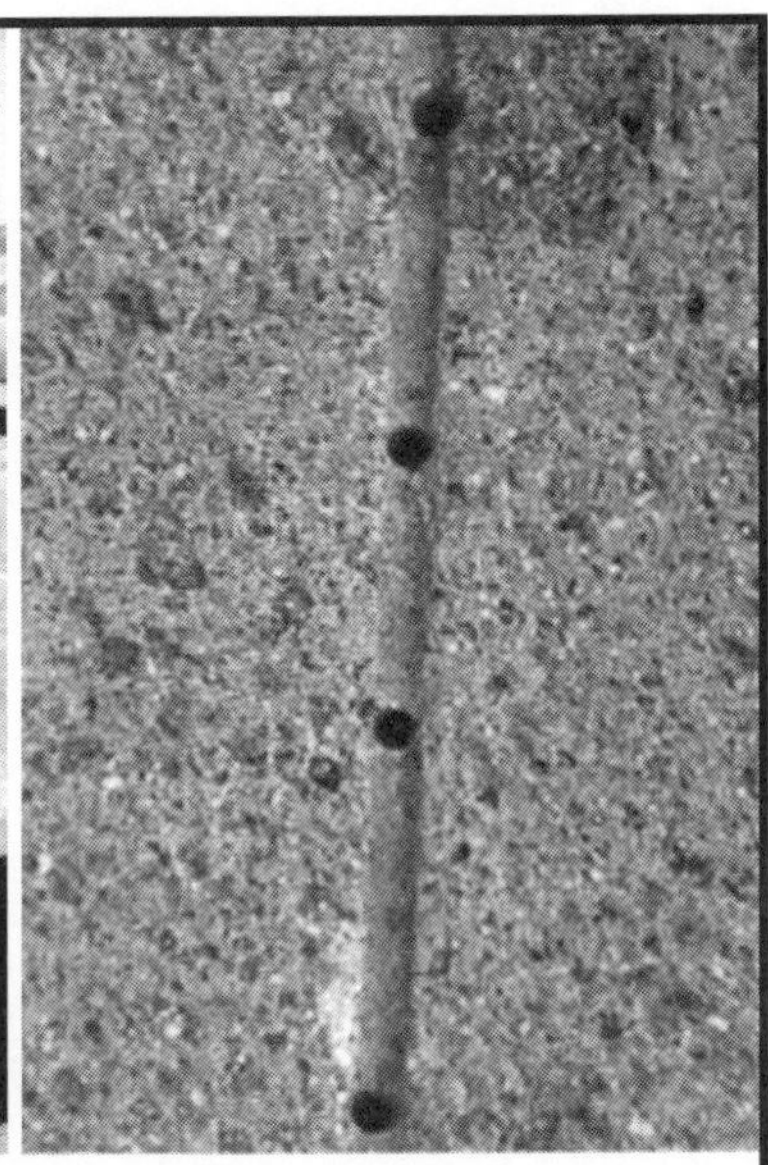

ドリル痕のある溝部分を拡大した写真
（Photo by ancient-wisdom.com）

この見事な石の周りには、やはり一定の間隔で穴が掘られた跡が残されている
（Photo by ancient-wisdom.com）

写真参照）。また、錐よりも径の大きな円柱状の穴も存在している。こんな例を見れば、古代エジプトだけでなく、プレ・インカ期の南米においても、ドリルは存在したようにも思えてくる。

しかし、今日の我々が使用するような電動ドリルを超える性能の超音波ドリルのようなものが本当に過去に存在したのだろうか？　何か工夫することで、超音波ドリルを使わなくても石材加工は可能だったのではあるまいか？

そもそも我々は、石は硬いものと思っている。そして、無理に力を加えると、石は変形するのではなく、割れてしまうものだと思っている。だが、そんな常識は、本当に正しいのだろうか？　何か見落としていることがあるのではなかろうか？

不遇の天才アルバート・シャッツ博士

1920年、ロシア系アメリカ人二世として米コネチカット州に生まれたアルバート・シャッツは、農場で慎ましい少年時代を過ごした。自分が育った土地は痩せていたが、シャッツはその土地を愛し、生涯農業に携わっていくことを考えていた。そして彼は、ニュージャージー州のラトガース大学で土壌微生物学の博士号を取得した。

22歳の時、フロリダの陸軍病院に勤務することになったシャッツは、フロリダ州の土壌や沼沢地、それに沖合の海洋にすむ微生物を採集しては、それらの抗生特性を調査した。ペニシリンでは結核菌に対抗できないのを目にしたシャッツは、さらに強力な抗生物質を見つけることに力を注いだのだ。ラトガース大学では、大胆にも結核菌と親しく接触する唯一の研究者として、彼はひとり地下の実験室にこもって研究を続けた。そして、ついに毒性のない一抗生物質を分離して、ストレプトマイシンと命名したのだった。

このストレプトマイシンの発見に対して、1952年、ノーベル賞が与えられたが、受賞者は当時23歳の学生シャッツではなく、指導教授のセルマン・ワクスマン博士であった。ワクスマン博士は、ストレプトマイシンの発見者が自分の研究室のシャッツであったことには一言も触れず、ノーベル賞という名誉だけでなく、製薬会社からの莫大な利益をも独占した。

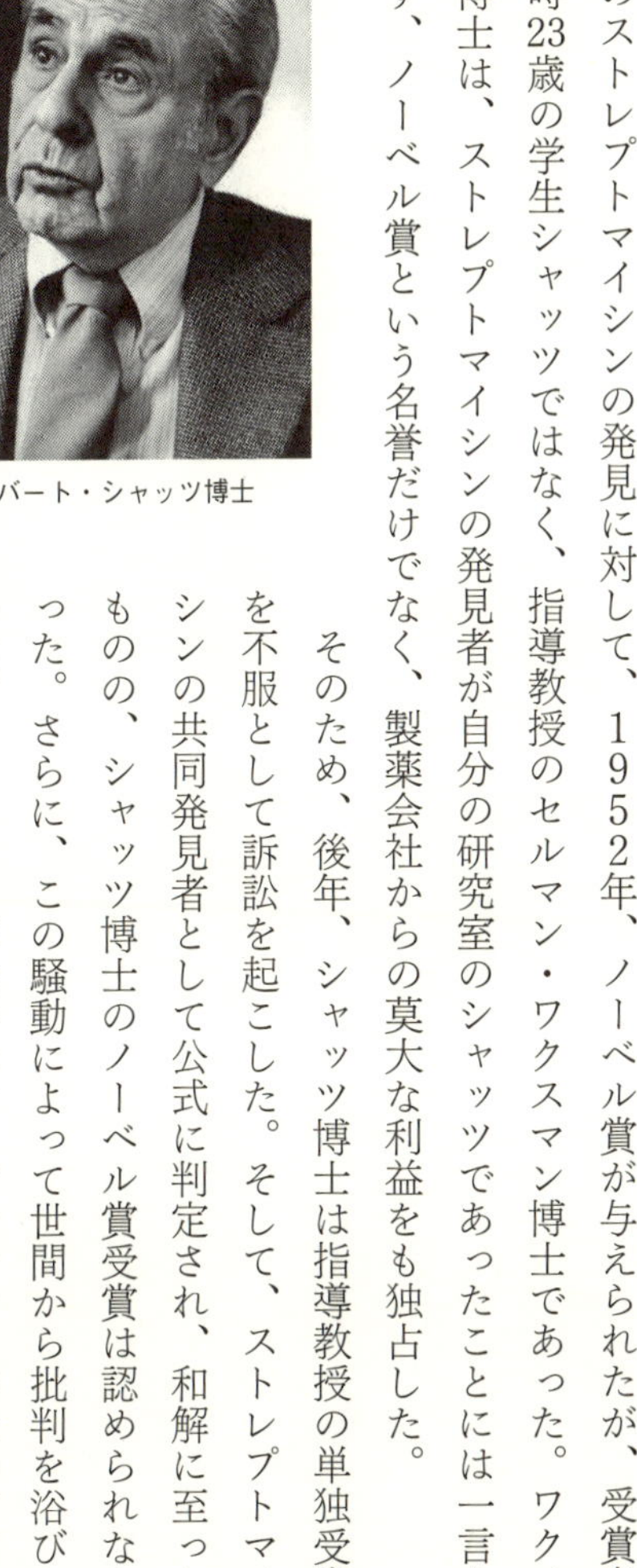
アルバート・シャッツ博士

そのため、後年、シャッツ博士は指導教授の単独受賞を不服として訴訟を起こした。そして、ストレプトマイシンの共同発見者として公式に判定され、和解に至ったものの、シャッツ博士のノーベル賞受賞は認められなかった。さらに、この騒動によって世間から批判を浴びたのは、ワクスマン博士ではなく、シャッツ博士の方だった。

人々から冷淡な目で見られたシャッツ博士は、そのうち世間から忘れ去られた。だが、彼の才能と研究意欲はこの程度のことで消えることはなかった。彼はのちにアンデス文明の驚異的な石材加工技術の謎を解明することになったのである。

インカ人たちが使った岩石を溶かす薬草

土壌は、絶えず変化する気候が生み出しているものであるのと同様に、微生物や植物も熱や霜の効果同様に、岩石の風化に貢献している。岩の裂け目に微生物が侵入したり、植物の根や蔦（つた）が絡みつくことでも風化が促がされることは誰しも想像がつくだろう。しかしシャッツ博士は、「キレート化」あるいは「キレーション」と呼ばれる不思議な化学作用によっても岩石が風化することに着目した。

キレート化とは、6個の炭素原子を基にした環状化学構造の形成を可能にする特性である。この特性を利用して、地衣類は酸を分泌して硬い岩肌から金属ミネラルを溶かし、吸収していくことが可能なのだ。

1954年、シャッツ博士は『ペンシルベニア科学アカデミー会報』に一連の論文の第一弾「土壌生成における生物学的風化因子としてのキレート化」を発表した。そして、キレート化の過程は土壌肥沃度を生み出す際にも重要な役目を担っているのではないかと考えた。つまり、土壌が植物を生み出すように、植物も土壌を生み出し、土壌肥沃度は自然界において継続的に維持されているという結論に至ったのだ。

当時、シャッツ博士がこのような着想を持っただけでも注目すべきことであったが、今から2世紀近く前のボストンの新聞『ニューイングランド・ファーマー』紙に掲載された記事を目にして、彼はさらなる飛躍のきっかけを得ることになった。

その記事に書かれていたのは、ペルーのアンデス山系の高地にある町クスコの、「太陽の神殿」という有名な廃墟を訪れた一旅行者の驚くべき話だった。太陽の神殿とは、クスコ市内にあるコリカンチャと呼ばれる宮殿で、石組みだけを残してスペイン人によって破壊されたもので、現在ではその土台の上にサント・ドミンゴ教会が建てられている（1911年発見されたマチュピチュにも「太陽の神殿」と名付けられた建造物があるが、今から2世紀近く前の新聞記事に掲載された内容であることと、場所がクスコであることに留意）。その人の報告によれば、石材がきわめて精巧に削られ組み合わされているため、石垣の間に針一本差し込むことさえできなかったという。この離れ業ともいうべき石工術の背後にある技術は、インカ帝国の消滅とともに失われてしまった。インカ人たちは、石を据える前に、ある種の薬草の汁を用いて石を軟らかくしたと言われている、という記事だった。

この記事を読んでからというもの、いても立ってもいられなくなったシャッツ博士は古代インカ文明に関する文献を徹底的に調べ上げ、彼らは世界中で最も洗練された農耕知識を有していたことを悟った。そして、健全な土壌には有機物が重要であることを把握していた彼らであれば、キレート化を促がす植物を石造物に応用する術も知っていて不思議ではないとシャッツ博士は考えたのだった。

「ハラッケーハマ」が石を軟らかくする!

そんな中、シャッツ博士は、アンデス山系の高所に生息するピトと呼ばれる小さな鳥に関するインカの話にも偶然出くわした。その鳥は硬い岩を削って巣穴を作るのに、ある植物の液を用いるというのだ。

イギリス元陸軍大佐パーシー・H・フォーセット(1867－1925)

人生の大半を南米のジャングルで過ごしたイギリスの元陸軍大佐で探検家のパーシー・H・フォーセット(1867－1925)は、その鳥がどのように巣穴を掘るのかを手記に残していた。

アンデス山中で四半世紀を過ごした一原住民が彼に語った話によると、その鳥は、くちばしにある種の植物の葉をくわえて、選んだ場所に舞い降りてきては、キツツキが木に停まるように岩につかまり、円運動をしながら葉を岩にこすりつけ、このプロセスを続けるために何度も葉を取りに飛び立っていく。このようなことを3・4回繰り返すと、鳥は葉を捨てて、岩をつつき始めたかと思うと、あっという間に円形のくぼみを作ってしまう。この工程にはほんの2、3日を要するだけで、最終的には巣として十分な大きさの穴になるというのだ。

「岩を這い登って巣を見たんです」とその原住民は言った。「本当ですよ、人間でもあれ以上完璧な穴を掘れませんよ。鳥たちはくちばしで硬い岩をつっついてへこませるわけじゃないんです。鳥たちが働いているところを注意して見た人なら、誰だって分かりますよ。この鳥たちは、岩を軟らかくして湿った粘土のようにしておく汁を持った葉っぱのことを知っているんだ、ってことがね」

最初フォーセットはその原住民の話を信用しなかったが、国中の多くの人から同様な話を聞かされた。彼を確信させたのは、自分が絶対的な信頼を寄せていたイギリス人が次のように語ってくれた時だったという。

「私のいとこはペルーのピレーヌ川近くのチュンチョという地方にいたんです」とそのイギリス人は言った。「馬が脚を痛めたので、彼は馬から降りて、近道をしようと、一度も通ったことのないジャングルを抜けて行きました。彼は乗馬ズボン、長靴、拍車（乗馬靴のかかとに取り付ける金具で、馬の腹部を圧迫して御すのに用いる）――イギリス式のものではなくて、長さ4インチ（10センチ）あって、真ん中に半クラウン硬貨くらいの大きさの円盤がついたメキシコ製のもの――を身に着けていました。しかも拍車は新品同様だったのです。もつれあった茂みを汗びっしょりになって苦労して登って、やっと近くの農場にたどり着いた時、彼は拍車を見てびっくりしました。あのきれいだった拍車が、どういうわけか腐食して、8分の1インチ（3ミリ）ほどの黒い釘に変わってしまい、まったく原形をとどめていないではありませんか。どうしたのかと狐につままれたような気分でいると、近隣の農場主がやって来て、高さが1フィート（30センチ）ほどあって、深紅の葉をつけた植物を踏みつけて歩いてこなかったかと聞くのです。『そいつですよ、お前さんの拍車を腐食させたのは。そいつを使ってインカ人はいつも岩に細工していたんだ。その植物から出る汁が、岩を軟らかくして、糊みたいに変えてしまうもんだから』と農場主は言ったのです」

拍車（Photo by jackfrench）

これでシャッツ博士は確信し、『土壌が教える科学』において発表すると、チリから新聞の切抜きが送られてきた。チリの新聞『メルキュリオ』の報道によると、ペルーの司祭ホルゲ・リラは、40年にわたって行ってきた一連の考古学的仕事において、インカ人たちが岩石を軟らかくするのに使ったと考えられる植物をついに発見したというのだ。シャッツ博士は2年をかけてようやくリラ神父の居所を突き止めることができた。神父がクスコから送ってくれた手紙によると、植物の名前はケチュア語でハラッケーハマ（harakkeh'ama）だった。

シャッツ博士によると、金属に対して破壊的な化学作用をもたらす化学化合物は、腐植質や様々な形の堆肥の有機物質の中にも存在して、土壌中の鉱物や岩石片に反応する物質の仲間である。そして、それが鉄分、マンガン、銅、亜鉛、その他の金属を水溶性の合成物に変え、それによって微量元素を植物が吸収できるようにしているのだった。

つまり、インカの人々は、切り出した石を組み上げるのに際して、ハラッケーハマを石の接合面に塗りつけ、軟らかくしてから隙間が生じないようにはめ込んでいたのである。

インカの石組みの謎

以上のシャッツ博士の発見に関する部分はピーター・トムプキンズ氏とクリストファー・バ

ード氏が記した『植物の神秘生活』（工作舎）において紹介されたものだが、南米の先住民たちが持っていた植物と土壌に関する知識は文明人の想像を絶していた。ホピ族を代表とした北米先住民は、自然と共生して平和的に暮らす方法を知りながらも、そのような知恵を侵略してきた白人たちに授けることを近年まで拒み続けてきたことは有名である。同様にして、南米先住民たちも、侵略してきたスペイン人に黄金は与えても、知恵を授けることはなかったようである。

新大陸を発見した当時の白人たちは、物質的な富以外には関心がなかったことも考えられるが、20世紀中頃まで精巧なインカの石造建築の謎は封印されてきたと言える。シャッツ博士は、土壌や植物が有する潜在能力を評価し、それを同様に尊重してきた先住民や現地住民らの言葉を決して無視しなかった。

そのようにして、何百年も忘れられてきた英知が取り戻され、カミソリの刃をも通せぬほど精巧な石組みの謎が解けたのである。そのような石組みが見られるマチュピチュもクスコ市街も1983年に世界遺産に登録され、世界中の人々から注目されている。だが、残念ながら、ノーベル賞を取り損ねたシャッツ博士は世界中の人々に正当に評価されることなく、2005年にその生涯を閉じた。そして、現在でも彼の業績は無視されたままである。

そして、もう一つの危惧は、ハラッケーハマなる奇跡の植物が今でも生息しているのかどうか、不明のままであることだ。過去に調査を行った学者たちが、現地の人々の言葉を尊重していれば、その知識は記録・継承され、歴史は書き換えられていた。だが、むなしくも長い年月が経過してしまった。今や現地の人々も都会に出て、文明化した生活を営むようになってきている。つまり、知識や技術はもはや継承されなくなってきてしまっているのだ。ハラッケーハマに関する知識を有する人々がなおも生き残っているものと信じたい。

さて、古代エジプトの工芸品に関して話を戻そう。そして、フライホイールのような工芸品が歪んでいた点に触れたことを思い出して頂きたい。筆者はあの歪みが気になっていた。長時間かけて石を削っていく工程で、なぜ歪みが生じるのか、分からなかったからである。だが、ハラッケーハマの存在を考えると、一つの仮説が浮上する。

かつて、ナイル川周辺は緑豊かな肥沃な土地だった。川岸で農耕を行えたからこそ、多くの人口を擁し、文明を興すことができたわけである。ピラミッドの周囲も緑で覆われていた。だが、今や砂漠化が進んでいる……。

マヤ文明を代表に、中南米の古代文明が古代エジプト文明と接点を持っていたことは、フランスの医師でピラミッド神秘学者のオーギュスト・ル・プロンジョン（１８２６－１９０８）にはじまり、ハーバード大学名誉教授のバリー・フェルを初めとする古代碑文解読学者たちによって指摘されてきた。そして、古代エジプトやインカの建造物を見ると、不思議なことに時代を遡るほど大きな石が使われ、精巧に加工されている印象を得る。このギャップと環境破壊はリンクしているように筆者には思えるのだ。

これは筆者の仮説ではあるが、かつてナイル川の周囲が緑で覆われていた時代、特に上流部においては、アンデス地方で生えていたハラッケーハマのような植物が生息していたのではなかろうか？　ハラッケーハマの汁を使うことで、現代の超音波ドリルに及ばなくとも、当時利用できた最高のドリルによって、精巧に穴開け・加工することができたのではなかろうか？

ハラッケーハマの汁を工芸品の石に使ったからこそ、成形時に濡らし過ぎた陶芸作品に歪みが生じるように、フライホイール似の工芸品にも歪みが現れたのではなかろうか？　また、高回転型ではなく、高トルク型のドリルで石に負担をかけずに削ることができた理由も、そこにあると思われる（特殊なドリル刃が存在した可能性もあるかもしれないが）。

こんなことを言う馬鹿者は筆者だけであるが、厚さ数ミリに石を加工するには、石を軟らかくすればいい。石は常に硬いとは限らないのである。

第一章

先人たちは空中浮揚を実現していた⁉／現代科学を突破するシステム

続々と報告される石が飛ぶ怪奇現象

台湾の高雄市西部に、南シナ海に面した鼓山（こざん）という山がある。その名前の由来は巨石に関係している。昔、高雄港に巨石があり、その影響で水流が生まれ船舶の航行に支障をきたしていた。そのため入港する船が太鼓を叩きながら神に航海の安全を祈禱（きとう）したことから打鼓山とも呼ばれるようになったという。

２００９年夏、その地で巨石が浮揚する怪現象が話題となった。

同年8月4日、中国福健省厦門市の『東南快報』紙は、空中を漂う巨石のような物体を収めた写真を公開したのだ。同紙によると、それは7月19日の午後3時34分、鼓山を家族でハイキング中だった郝刚说（Gang Hao）氏が、登山の途中で風景写真を撮影したところ、偶然写り込んだものだという。2日後にパソコンで写真を整理した際、大きな岩が木々の上を漂っていたのに気づいた。写真の下3分の2は木と山が、上3分の1は雲で覆われており、気象局の報告では、雲の高度は１３００メートルだった。撮影地点からの距離と、そのような状況も鑑み、物体の直径は5メートルほどと推定されている。それが岩であれば、重量は数トンにも及ぶはずである。

网易新闻 网易 > 新闻中心 > 滚动新闻 > 正文

鼓山神秘飞行物(组图)

2009-08-04 01:35:00 来源：东南快报(厦门) 跟贴 7 条 手机看新闻

照片上的不明飞行物到底是什么？是真是假？当天还有没有哪位读者也在鼓山？大家可登录东快网（www.dnkb.com.cn）下载原图分析或通过本报热线0591-87806110发表你的看法。

爬鼓山无意间拍下了一张风景照，拿回家一看，照片中的鼓山上空竟然飘着一个像石

東南快報（URL: http://news.163.com/09/0804/01/5FR9FU73000120GR.html）より

郝剛説氏は、この物体が岩の姿をしたＵＦＯなのかと疑問を抱いて、数人の同僚や友人らに見せたが、まったく分からず、同紙への報告に至ったという。

実は、似たような例がアメリカでも報告されていた。

例えば、２０００年5月7日に米インディアナ州ナッシュビルの『ブラウン・カウンティー・デモクラット』紙が報じたものだが、その数年前、同州の広大なイエローウッド州立森林公園（ブラウンカウンティー西部）において、ある七面鳥のハンターが樹高25メートルほどのオークの木の天辺に大きな岩を発見した。厚み30センチ、幅１２０センチほどで、重量は少なくとも４００ポンド（約１８０キログラム）はあると思われた。現場は南斜面の高所に位置し、渓谷を見下ろしていたその岩は、「ゴブラーの岩」（七面鳥の雄の岩の意）と名付けられ、うまいこと三叉状の枝元に挟まっていたのである。

米イエローウッド州立森林公園の樹上で発見された巨石
Photo by Human-Resonance.org

いったいなぜ重く大きな石が木の上に存在していたのだろうか？　この謎が解明されぬまま、同公園（ヘルムズバーグ南西部）で新たに二つの樹上巨石がハイカーたちによって発見された。一つは、２００ポンド（約90キログラム）ほどの砂岩で、地上から14メートルほどの高さで、スズカケノキの枝に挟まっていた。もう一つも砂岩で、90メートルほど離れた場所で、やはりスズガケノキの枝に挟まって発見された。

石自体は森林内に散在しているため、それらが樹上に載せられたと考えられる。だが、若木が大きな石を持ち上げながら成長することは極めて考えにくいことから、石の荷重に耐えうるだけ成長した木にあとから載せられた可能性が高い。それはＵＦＯの仕業なのか、人の手によるイタズラなのか、自然現象によるものなのか？

いずれの現場も森林内にあり、道路からは離れている。自動車で重機を運び込むには極めて困難な場所である。そもそも、ハンターに気づかれるまで誰も発見できなかったことを考えると、イタズラだとすればその意図が分からない。

それは自然現象で、その土地では、重い石をも持ち上げうる特別なエネルギーが発生しているのだろうか？　まったく手掛かりのない状況において、有力視されたのが竜巻説だ。地元の人々も公園職員も、完全には納得できないものの、竜巻ぐらいしか思い当たらないと首をかしげている。だが、石が載った木やその周囲において、樹皮が削られたり、小枝が折れ、散乱したような形跡はまったく見られなかった。石はただ優しく高所に据え置かれたようにしか見えなかったのである（因みに、最初に紹介した樹上の石は２００６年6月13日の時点で落下しており、支えていたオークの木は根こそぎ倒れていたという）。

さらに、２００３年3月30日、同じくインディアナ州ブルーミントンのリモン国有林で地上から12メートルの高さの樹上に直径１２０センチほどの石が載っていたのが発見された。この現場は、深い森の中で、道路から自動車でのアクセスが不可能な場所にあった。

イタズラ説を完全に否定できるものではないか、米インディアナ州一帯は、重力異常を生み出す特別な土地なのだろうか？

地上には「レイライン」と呼ばれる未知のエネルギーの流路がグリッド状に張り巡らされていて、その交差点上にエジプトの三大ピラミッドをはじめ、世界を代表するような巨石遺構が立ち、古い教会や神社なども同様の立地条件が選ばれて建てられてきたとされる説がある。日本では、そのようなエネルギー（気）の流れ道は霊脈として知られている。

米インディアナ州の場合、その可能性を指摘する研究者たちが存在し、近年、磁場の異常が発生しているのだと主張する。

確かに、そのような特別な立地条件が異常な現象を生み出す可能性は否定できないだろう。木材やプラスチックでできた物体が空中浮揚したという例はあまり聞かないように思うが、それは磁場に関係しているからだろうか？

おそらく、その背景には、磁気や電気と関係したエネルギーに一部の石は反応しうることがあるように思われる。特に古代人は磁気力に高い関心を抱いてきたと考える研究者は多い。

そこで、石に秘められた力に注目してみることにする。

圧電効果と反重力

古代人は石に対して特別な思い入れがあったように思われる。古代エジプト人が粘土ではなく、石を加工して工芸品を制作してきたことは既に紹介した。宝石は単に美しい輝きや色彩、結晶構造といった物理的な特質を超えて、人々を魅了してきた。特に水晶は世界的に珍重されてきた。古代ローマの博物学者ガイウス・プリニウス・セクンドゥスは、水晶は永久的に凍ったままの氷だと評した。

そんな水晶は我々現代人も有効活用しているが、その理由の一つに圧電効果がある。

水晶のような結晶を形成する物質に圧力を加えると、その圧力に比例して誘電分極が生じ、電圧（表面電荷）が発生する。そんな現象が圧電効果と呼ばれる。ライターやガスコンロの点火、ソナー、スピーカー等に圧電素子として幅広く用いられている。簡単に言えば、圧力を加

発光現象
（故栗林亨氏1966年２月12日04時17分自宅より妻女山付近を撮影）：松代地震センター所蔵

発光現象
（故栗林亨氏1966年９月26日03時25分自宅より奇妙山一帯を撮影）：松代地震センター所蔵

えれば、表面に電気が発生する現象である。

地震が発生すると、発光現象が伴うことがある。これは、圧電効果と同様に、地下に存在する岩石が大きな圧力を受けて、いわば火花を発するような現象である。因みに、１９６５年から長野県の松代で5年半にわたって継続的に発生した「松代群発地震」においては、この発光現象が頻発し、写真撮影されている。

圧電効果は逆方向にも及ぶ。つまり、電圧をかけると物質が変形するのだ。これは逆圧電効果とも呼ばれているが、この現象を特別な条件下で起こすと、ただ物質が変形するだけでなく、奇しくも重力に逆らう現象も発生するようである。

１９１９年、カウスキー博士とフロスト技師は、ポーランドのダラダイン（Darredein）の研究所で、超短波（30－３００MHzの周波数の電波）を照射することで水晶を膨張させて、重力を消失させることに成功したと伝えられている。この大発見は、１９２７年4月1日付のドイツのジャーナル『Radio Umschau』で紹介され、その後『Science and Invention（科学と発明）』誌１９２７年9月号においても報告された。

当時、二人は2枚の菱形プレートで水平方向に静電場をかける中、水晶振動子に対して垂直方向に持続的に超短波を与える実験を行っていた。すると、突然、石英片が外見をはっきりと変化させたのに二人は気づいた。特に、摂氏10℃以下の温度を維持していた時、石英の中心部

Fig. 2. The schematic diagram of the experiment is shown in this illustration. The high frequency oscillator has been omitted for clearness.

図では省略されているが、石英の上面と底面には高周波発振器が接続されており、両サイドの菱形のプレートは静電場放射器である

分が白く濁り、それは次第に広がって全体を完全に不透明に変えた。

そして、ある特別な配置をもって結晶に様々な方向から電圧を加えると、結晶はそのサイズを膨張させて、もはや石英片は元の大きさには戻らなかったという。

石英を膨張させたこの不思議な現象には、結晶を白く濁らせる作用と密度の変化を伴っていたが、それだけではなかった。天秤を使って錘と釣り合わせておいた石英に対して高周波電流を与えると、その石英を載せた天秤の腕が持ち上がったのである。つまり、全体の重量が軽くなったのだ。

さらに研究を進めたところ、数キロワットという、より大きな電力を用いて、もっと長時間曝すことで、5×2×1・5ミリの小さな石英片は、一辺約10センチの不透明な白色物体に変化したのだ。これは、各辺が約20倍に伸び、体積は約8000倍になったことを意味していた。

このように変貌した石英はきわめて軽く、それ自体のみならず、装置全体をも宙に持ち上げ

Fig. 3. This shows how the quartz crystal lost weight when subjected to the high frequency current. The original crystal was balanced on the scale.

最初、天秤は釣り合っていたが、高周波電流が加わると、左の水晶は重量を失って持ち上がり、右の錘は底についた

膨張した石英が25キログラムの錘を持ち上げたところをとらえた歴史的写真

た。石英の結晶には25キログラムの錘が取り付けられていたため、自重をゼロにしただけでなく、強力な浮揚力をも発現させたのだった。

ここで補足しておきたいが、静電場とは、交流ではなく、直流が生み出す電場で、例えば、自動車のバッテリーのプラス極を菱形プレートの片側に、マイナス極を反対側に接続し、放電的に空間を隔てて配置することで生み出されるものである。

次に、高周波の電流、すなわち、周波数の高い電磁波（数MHz以上）を生み出すのが高周波発振器である。発振器を分かり易く説明するため、MHzレベル以下の低周波発振器の方を考えてみたい。例えば、数十Hzから2万Hzの間の低周波をスピーカーに流すと、物理的な振動に変換されて音が出る。スピーカーは1秒間に周波数の回数だけ微振動を行い、空気を動かし、音を伝える。高音再生時は高速な微振動を目で確認することは難しいが、100Hz以下の低音が発せされる際には、スピーカーのコーン紙が前後に揺れるのが目で確認できる。

では、スピーカーではなく水晶（石英）に低周波を伝えたらどうなるか？　もちろん、水晶はスピーカーではないので、音は出ないし、反応はない。だが、我々の可聴範囲を超えて、メガヘルツ（MHz）レベルの高周波電流を与えると、ある周波数で振動する。

実験を行うには、高周波発振器のプラス極からのコードとマイナス極からのコードを接触させることなくテーブルに平行に並べる。次に、棒状の水晶（人工水晶の方が好ましい）を双方のコードに触れるように載せる。そして、高周波発振器の周波数を調整していくと、ある周波数のところで水晶は振動し、キーンという音を立てる。

このように、逆圧電効果により水晶が振動することは決して不思議なことではない。だが、水晶の重量や体積が変わるということは通常ではありえないことである。このカウスキー博士とフロスト技師による実験は、非常に興味深いものだが、残念ながら詳細な情報を欠いており、その再現に成功したという声は聞かない。だが、自然界において、磁場の変化や、雷を伴った気象の変化、さらには天体の配置の中で、特別な条件が揃った際に、ひょっとすると台湾の鼓山における巨石浮揚や、米インディアナ州の樹上巨石のような異常現象が起こりうることを示唆するのかもしれない……。

温度変化で重い物体が動き出す！

巨石遺構の代表的な素材として花崗岩がある。花崗岩は石英を主成分としている。石英は、二酸化ケイ素（シリカ）が結晶化した鉱物であり、無色透明なものが水晶である。そのようなことから、圧電効果を生み出す岩石を古代人は好んで選んできたのかもしれない。

だが、カウスキー博士とフロスト技師による実験において、筆者には、石の成分よりも気になるところがあった。それは、この現象が摂氏10℃以下において特に現れたというところである。

電気や振動は、それを伝える媒質やその形状や結晶構造等によってその速度や量を変化させる。温度の低い方が伝導効率に有利な傾向は見られるものの、例えば、室温25℃の条件と比較すると、大きな違いが現れるとは考えにくいようにも思える。だが、カウスキー博士とフロスト技師による実験においては、極めて微妙な条件の変化に結果が左右されたという。寒い季節の方が相対的に湿度も低くなり、静電気が発生しやすくなる。加えられた高周波電流と静電気が何らかの相互作用を生み出したのだろうか？

ヴィクトル・シャウベルガー

温度によって物体の振る舞い方が異なるという点で、筆者には他に思い出される例があった。直接的な関連性が見出されるわけではないが、オーストリアの発明家ヴィクトル・シャウベルガー（１８８５－１９５８）が語ったエピソードである。

息も凍るほど寒い満月の夜、彼はシャモア（アルプスカモシカ）のオスを撃ったことがあった。シャモアが峡谷に落ちると、獲物を回収するために彼は雪の積もった急な斜面を降りて行った。明るい月の光の中で、ふと足元の川の動きに目が留まった。何本かの伐られてまもない緑色の丸太が、まるでダンスをしているかのように表面に浮かび上がっては底に沈んでいた。それだけでなく、巨大な石が水底で旋回し始め、水面まで上がってきて、そこですぐに周りがまた凍るのだった。他にも上がってきた石があったが、それらはすべて卵形をしていた。起伏があったりごつごつしている石はこのようには浮かび上がってこないようだったという。

水温が4℃に近い時、水は密度を最大にして、物体を動かす力を大きくする。そんな条件に近い夜の出来事だったが、シャウベルガーは、形状によって異なる動きのパターンがあるというアイディアも深めていったという。

物体には可動性を高める固有振動数がある

筆者がこのシャウベルガーの体験を読んだ時、少々引っかかったことがあった。それは、物体の運動の固有振動数に関する言及が抜け落ちていたことである。水温が低く、密度が大きくなる時、水中の物体は浮かび上がる傾向を示すことはおそらくその通りだろう。また、物体の形状が様々な影響を与えることも確かと思われる。だが、運動の周期に注目することも重要である。

例えば、伐採まもない丸太はそれ自体、重量があるが、水につかることでさらに重量を増す。

水の密度も若干増すものの、丸太は水中では重量を1・5倍にも増やすと言われるため、相対的に水の密度に近づき、水中に潜り込みやすくなる。だが、水中に潜り込むためには、上から押し込む力が加わらねばならない。あるいは、下から押し上げる力を受けて、その反動で潜り込む力を得なければならない。水温が低い時、水の密度は大きくなるが、その際、水が水中の物体に与える影響力が強まり、物体を押し上げ、浮き上がらせる力も大きくなる。重量が増した丸太も水温の低い水も、ともに影響力を強めるのだ。ここで、丸太の片側が浮き上がれば、反対側は自ずと沈み込み、水とバランスをとって接する表面積が少なくなることも影響する。

ピンポン玉を水に沈めるのは密度差が大きすぎて困難ではあるが、丸太と水の場合、拮抗関係が生まれ、リズミカルな川の流れが繰り返し刺激して、上下運動を激しくさせたことが想像される。つまり、水と丸太の比重と、反復的な水流のリズムが関わっていたと考えられる。

また、卵形の石が水面まで浮かび上がってきたケースの場合も基本的に同様と考えられるが、今度は川底をイメージする必要があるように思われる。日頃、降雨の影響で流水量が増加するなどの影響で水中の物体が動きやすくなり、周りの石などにぶつかり、時間をかけて角が削られて動きやすい状態が生み出されてきたはずである。おそらく、川底には川下に向かって船底のように反った曲面状の部分があり、普段は底で揺れる程度の物体が、水流が強くなるか、時に水温の低下による密度増で圧力を増す際には、その川底の曲面に沿って駆け上がろうとすると同時に滑って回り出すのではなかろうか。複雑な形状の場合は、川底で揺れるリズムは定まらないが、卵形や球体になると、そのリズムは一定となりやすい。そして、往復運動する物体のリズムがある理想的な周期、すなわち、水中における物体と川底との関係が作り出す固有振動数に近づくと、それは往復運動の振幅を大きくして駆け上がりながら滑って、川の流れに対してスライス回転を生み出して水面まで浮かび上がると考えられる（のちに言及するが、同時に石は振動を得ていることも重要である）。

おそらく、読者の中には、指一本でお寺の大きな釣鐘を動かせることをご存じの方もいるだろう。テレビ番組でも紹介されたものだが、大人7人がかりで押してみてもびくともしない70トンもの釣鐘があった。だが、釣鐘の固有振動数が、例えば0・3回／秒（0・3Hz）だという知識をもとに、10秒で3回のペースで指一本で押し続けると、共振現象が起きて、5センチほど揺らすことができたというものだ。わずかな力でも、重い釣鐘は目に見えないレベルでわずかに持ち上がる。釣鐘はそのあと下がってくるが、振り子の原理で自然といくらか持ち上がろうとする。その際、タイミングを合わせて押すことを繰り返し、次第にその振幅を大きくしていけるのだ。

このような知識は、古代人が利用した空中浮揚技術の謎に迫る上で大いに役立つと思われる。少なくとも筆者はそう考え、のちに触れるが、物体の可動性を高める固有振動数について注目していくこととなった。

金属球や他の物体を空中浮揚させたジョン・キーリー

ジョン・アーネスト・ウォレル・キーリー（1837-1898）

米ペンシルベニア州フィラデルフィアにジョン・アーネスト・ウォレル・キーリー（1837ー1898）という発明家がいた。1872年、キーリーは自分の実験室にたくさんの科学者たちを招いて、これまで未知とされた新しい力によって動く機械のデモンストレーションを行った。そして、音叉の音楽的な振動に基づいた出力発生の原理、そして、音楽が原子またはエーテルと共鳴しえることを発見したと発表した。世間の関心は一気に高まり、わずか数ヶ月のうちに資本金500万ドル（今日の価値に換算して約1億ドル）が集まり、キーリー・モーター・カンパニーがニューヨークに設立された。

エンジニアのアレクサンダー・スコットが最初にキー

リーの作業場を訪れたのは1895年11月9日だった。そこでスコットは機械によるデモンストレーションをいくつも見せられた。その中には、水中の金属球を音で上下させるものもあった。

フラスコ内に水と2ポンド（約910グラム）の金属球を入れて密閉させる。そのフラスコの上部は金、プラチナ、銀でできたワイヤーで送信機（注、高周波発振器と思われる）が接続された。そして、相応しい和音（コード）で弦楽器ツィターを鳴らすと、その金属球は上昇して金属製のフラスコの蓋にぶつかった。そして、そのまま浮かんでいたが、次に別の音が鳴らされると、その金属球は再び沈んでいった。

その後、これを発展させて、キーリーは同じ送信機、ワイヤー、楽器を用いて、3・6キログラムの模型の飛行船を空中に浮揚、滞空、そして下降させることに成功した。さらに、彼は極めて重たい物体でも成功していて、数人の目撃者たちを前にして、3トンの鋳鉄の球体を空中浮揚させるだけでなく、逆にさらに重量を増して、その球体を大地にめり込ませることもやってのけた。

またキーリーは花崗岩を崩壊させることができるとも主張した。既に触れたように、花崗岩には主成分として石英（水晶）が含まれている。おそらくは、逆圧電効果を利用して固有振動数で高率共振させることで崩壊に導いたのだと思われる。

キーリーは物体を動かすのに主にトランペットを吹いて、ある音を持続的に発生させたというが、ハーモニカ、ツィター、バイオリンの他、口笛さえも利用して、空中浮揚に必要な振動力を引き出すことができた。そして、彼は販売用に装置を生産する段階にまで至っていたが、自分の後援者たちと議論になり、結局、その資料を破棄してしまったと言われている。これは、カウスキー博士とフロスト技師が石英を使って行った実験よりも何十年も前のことであった。

本書のテーマは、古代人が有した空中浮揚技術を発掘することにあるが、ある意味では、キーリーが発見しながらも、世間に明かすことのなかった「共振を利用した浮揚力」の謎をひもといていくことにも重なると言えるのかもしれない。

トランペットの音で巨石は宙を浮く？

有史以前から人々は音を恐れ敬ってきた。近年の研究では、先史時代の洞窟壁画は、洞窟の中でも絵の描きやすい平らな面があるポイントではなく、意外にも音がクリアーに増幅・反響するポイントが意図的に選ばれて描かれていたことが指摘されている。有名なフランスのラスコー洞窟を含むフォン＝ドゥ＝ゴーム洞窟では、特に音の反響は著しい。世界中の洞窟壁画を調べても、その傾向は認められ、有蹄動物が描かれた場所では、群れが走るような音がこだまし、人が描かれた場所では、その絵がしゃべっているような音響効果すら得られるという。人類にとって、音楽と詠唱は世界共通の神聖なものであった。

マヤ文明のチチェン・イツァ（メキシコ）の神殿や球戯場においては、建物の頂上にいても、地表部にいても、奇しくも話し声が良く聞こえるようになっている。1931年に訪れ4日間滞在したレオポルド・ストコフスキー（Leopold Stokowski）は、そこには音響効果があり、劇場的な利用が意図されていたのではないかと述べている。

また、メキシコのパレンケにおいてもこの特徴は認められる。ピラミッドの基部で手を叩くと、頂上部ではさえずる音が生み出される。

イギリスのストーンヘンジを代表としたストーン・サークルにおいても、太鼓のような楽器の音は特に増幅されると報告されている。

初期のギリシャの歴史家によると、ギリシャ神話に登場するゼウスとアンティオペーの息子アムピオンは竪琴（たてごと）の名手で、その音色は石をも動かし、古代都市テーベの壁はアムピオンによって造られたという。また、彼が大きく明瞭な音で竪琴を鳴らすと、彼の倍ほどの重さの石が後をつけて来たという。

ミクロネシア連邦のポンペイ島にあるナン・マドールの巨石都市は、呪文を使って巨石を鳥のように空中に飛ばす神王オロソパ（Olosopa）とオロシパ（Olosipa）によって造られたという。

イースター島のモアイ像は、伝説によると、音の使用は定かではないが、魔術師か聖職者がマインドパワーを用いて彼らを歩かせるか、空中に浮揚させて運んだとされている。

マヤの伝説によると、ユカタン半島のウシュマル遺跡は、巨石を口笛で動かすことのできる小人種（ドワーフ）によって建造された。

また、スペインの征服者たちがインカ文明を滅ぼしてまもなく、ボリビアのティワナク（プレ・インカ期の村）を訪れたスペイン人旅行者が地元のアイマラ族に聞いた話がある。

その記録によると、初期の住人たちは奇跡的にも石を持ち上げる超自然的な力を持っていて、50キロメートルも離れた山の採石場から重量100トンもの巨石を含む石をトランペットの音により空中に浮揚させて運んだと聞いていた。

既に紹介したように、ティワナクのプマ・プンク遺跡には精巧なドリルで石の切断や加工が行われていたことを示す見事な石材が残されている。加えて、トランペットの音を利用して巨石を運搬していたという。

ミクロネシア連邦ポンペイ島のナン・マドール遺跡

これらの話を聞いて、読者は馬鹿馬鹿しいと思われるだろうか？　それともこれらに何か共通点を見出し、深遠な法則性が潜んでいるに違いないと考えるだろうか？　もちろん、馬鹿者である筆者は後者の判断をした人間である。次の例に接すると、読者の中にも筆者の判断に一理あると感じられる方が現れるかもしれない。

ラマ教の僧侶たちは太鼓で巨石を浮かせていた⁉

以下に紹介する話は、スウェーデンの航空機デザイナーで土木技師のヘンリー・ケルソン氏（Henry Kjellson, 1891－1962）が報告したもので、自著『The Lost Techniques』において紹介したものだという。この話は、最初はスウェーデンの技術者オラフ・アレキサンダーソン氏がドイツの雑誌『Implosion』第13号で紹介し、その後、ブルース・キャッシー氏が自身の記事において転載。デイヴィッド・ハッチャー・チャイルドレス著『Anti-Gravity and the World Grid（反重力とワールドグリッド）』や研究家アンドルー・コリンズ氏の著書においても取り上げられているので、ご存じの読者もいるかもしれない。

ケルソン氏の友人にスウェーデンの医師ヤール（Jarl）がいた。彼はオックスフォード大学で学んでいた時、若いチベットの学生と友達になった。数年後の1939年、イギリスの学界に参加すべくヤールはエジプトに出掛けた。そこで、ヤールはチベットの友人からの使者と出会い、ラマ教の高僧の治療のために至急チベットに来てほしいと頼まれた。

ヤール医師はその使者とともに出発した。そして、飛行機とヤクのキャラバンでの長旅を経て、その老僧と、今や高位を得て暮らしていた旧友の待つ僧院に到着した。

ヤールはそこにしばらく滞在して老僧の治療にあたった。そして、そのチベットの旧友との友情ゆえに、よそ者は決して見聞きすることのできないことをたくさん学ぶ機会を得た。

ある日、その友人は僧院近くのある場所へとヤールを連れて行った。そこは傾斜した草地で、北西側は高い断崖で囲まれていた。その岩壁の途中、高さ250メートルのところには大きな穴があり、それは洞窟への入り口のように見えた。その穴の手前には踊り場のような水平面があり、その狭い足場スペースで僧たちは岩壁を造っていた。奇しくも、その踊り場までのアクセス手段は、断崖の天辺から下ろされたロープだけだった。

崖から250メートル離れた草地には、磨かれた石板があり、その中央はお椀（ボウル）状に窪(くぼ)んでいた。その椀状部の直径は1メートル、深さは15センチだった。石のブロックはヤクに載せられてその窪みまで運ばれてきた。そのブロックは幅1メートル、長さ1・5メートルあった。そして、その石板を中心にして半径63メートル、崖と反対側に90度分の弧を描いた線

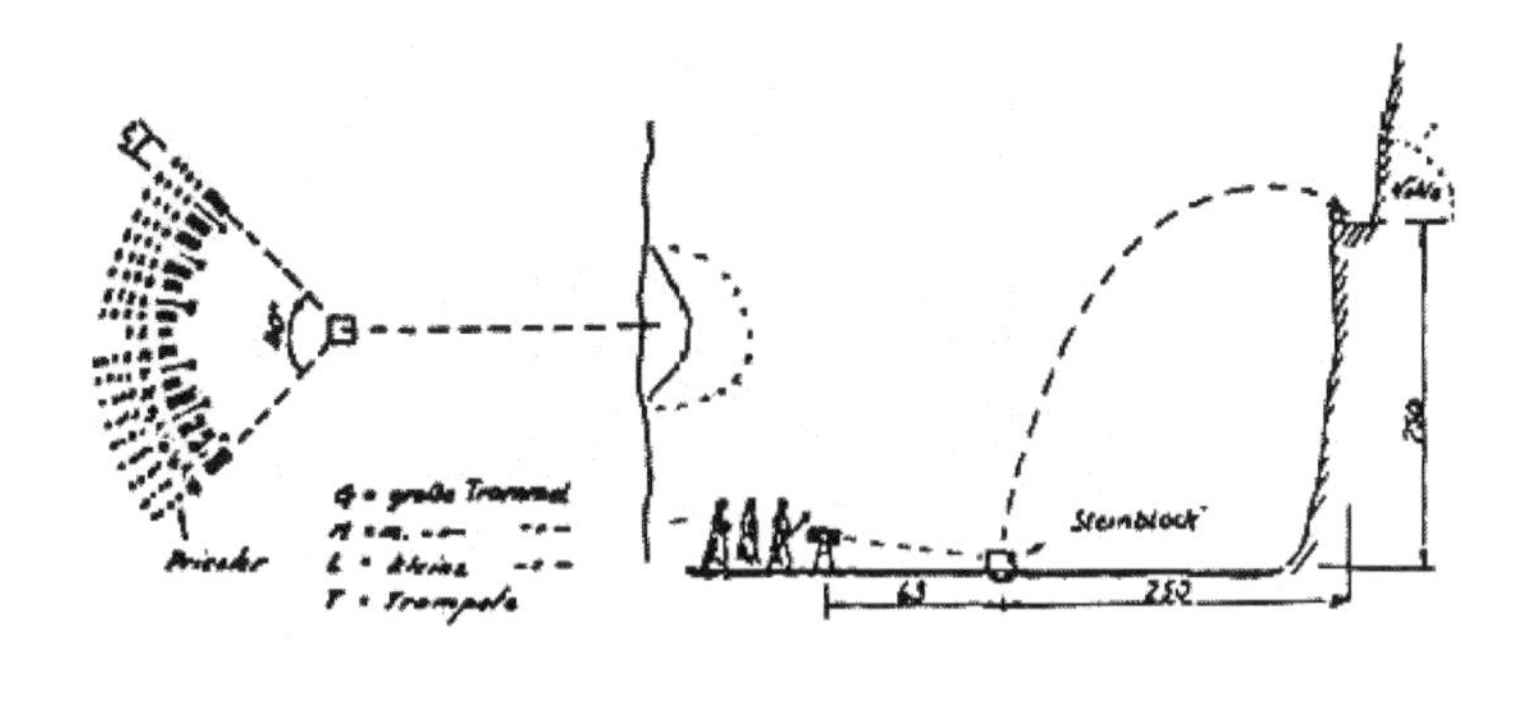

上には19の楽器が配置されていた。半径63メートルは正確な数字である。楽器は、13個の太鼓と6個のトランペット（ラグドゥンと呼ばれる、寺院で使われる長いラッパを指すと思われる）だった。

直径1メートルで長さ1・5メートルの大きな太鼓が8個、直径70センチで長さ1メートルの中サイズの太鼓が4個、そして、最後の太鼓は直径20センチで長さ30センチだった。トランペットは全部同じ大きさで、長さ3メートル12センチで直径は30センチの巨大なものだった。大きな太鼓とすべてのトランペットは、石板の方に向くように調整され、台に固定されていた。

大きな太鼓は3ミリ厚の鉄製で、重量は150キロあった。それらは五つの部品で組み上がっていた。すべての太鼓の片側は開放されていたが、もう片側は金属で覆われていて、そこを大きな皮張りの棍棒で僧侶たちは叩く。それぞれの楽器の後ろには僧侶たちが一列に並んでいた。また、各楽器は隣同士約5メートル離れていた。

石が所定の位置に置かれると、小さな太鼓の後ろにいた僧が演奏開始の合図を行った。小さな太鼓はとても鋭い音を鳴らし、他の楽器が轟音を発しても聞き取れた。すべての僧たちは詠唱し、祈りを唱え、とてつもない音量による騒音のテンポをゆっくりと上げていった。最初の4分間では何も起こらなかった。だが、太鼓と騒音のテンポが増していくと、なんと大きな石のブロックが揺れ始め、突然、宙に浮いたのだ。そして、250メートル上にある洞窟の穴の前の踊り場に向けて、速度を速めていった。3分後、それは踊り場に着地した。

続いて、彼らは新たにブロックを草地の中央の椀に置いて、同じ方法で1時間に5・6個のブロックを、放物軌道、距離にして約500メートル【注：目標地点までの弧を描けば約400メートルのため、高度250メートルよりも高い地点に到達してから目標地点に降りてくるものと思われる】、高さ250メートルを運び上げた。ただし、時々石は割れたので、割れた石は片づけられた。

かくして250メートルの高さの踊り場で僧たちは石のブロックを積み上げる作業ができたのである。

驚くべき現象を目の当たりにしたヤール医師だったが、チベット研究者のリナヴァー(Linaver)やスポルディング(Spalding)、ヒュー(Hue)のような人々が過去に語ってきていたので、この石飛ばしに関しては知っていたという。だが、彼らは実際にそれを見たことはなかったので、ヤール医師はその注目すべき光景を目にする機会を得た初めての外国人となった。最初、彼は自分が集団催眠にかけられたのかと思ったが、その光景を2本のフィルムで撮影していた。確認してみると、それらのフィルムは確かに自分が目撃した光景とまったく同じものを映し出していた。ヤール医師は自分が貴重な体験をしたとあらためてさとったのだった。

後日、ヤール医師は自分が関わっていたイギリスの学会に2本のフィルムを見せた。すると、予想に反して、学会はその2本のフィルムを没収し、機密扱いとした。そして、それらは少なくとも1990年までは公表されることはないと知らされたという。

だが、残念ながら1990年が過ぎてもそのフィルムは公開されず、チベットの僧による秘術は今日でも封印されたままである。

現代の音波浮揚

先に様々な伝説を紹介したが、昔から人々は音波を利用して巨石を空中浮揚という方法で運んできていた可能性がある。その方法の一つをスウェーデンの医師ヤールはチベットで目の当たりにしたのだと言えるだろう。音波を使った空中浮揚に関する知識と技術は、遠い過去に存在していただけでなく、その後も、ごく限られた人々によって秘匿されてきたに違いない。筆

西北工業大学での実験において、音圧によって空中浮揚するコガネムシ
Photo by Wenjun Xie

者は、そんな古代人の空中浮揚技術がただの伝説ではなかったことをこれから明らかとしていくことにしたい。

まず、音波による空中浮揚のメカニズムを読者に理解して頂くためには、現代の最新の音波浮揚技術に関して知って頂くことが早道となるだろう。

2006年11月20日、中国西安にある西北工業大学の研究者らは超音波によって小さな生き物を空中浮揚させることに成功したという研究成果をアメリカの学術誌『アプライド・フィジックス・レターズ（Applied Physics Letters）』に寄稿し、同月29日、アメリカのオンライン誌『ライブサイエンス（Live Science）』においてチャールズ・Q・チョイ氏はその概要を報じた。

これまで同大学の材料物理学者のウェンジュン・シエ（Wenjun Xie）氏率いる研究者らは、化合物の腐食性が強すぎて容器がそれを保持できないか、望ましくない形で容器と反応してしまうことを回避する目的で、医薬品から合金まで容器を使用せずに製造する方法の開発に取り組んでいた。過去に、イリジウムや水銀などの重い固体や液体を空中浮揚させることに成功していたが、生き物も安全に空中浮揚させることに成功したというのだ。

シエ氏と同僚たちは、超音波発振器と反射板の間に生み出される音圧場に取り組んできたが、「生きた動物を音場に置いたら、安定して浮揚するだろうか?」と考えた。彼らの音波発振器はおよそ20ミリの波長の音を生み出すことができたので、理論上、波長の半分以下、つまり、10ミリ以下の物体であれば浮揚させうることを意味していた。

彼らは超音波場を発生させて、ピンセットを使って、慎重に生き物たちを発振器と反射板の間に置いてみることにした。すると、アリ、コガネムシ、クモ、テントウムシ、ハチ、オタマジャクシ、魚など、10ミリ以下の生き物を空中浮揚させることができた。

脇に逸らしてしまわないように浮揚力をコントロールすることが難しかったようだが、超音波によって生き物も安全に空中浮揚させうることが示され、この写真は世界中の人々の目に触れることとなった。

超音波によるアコースティック・レヴィテーション

その現象は意外と簡単に再現できる。次ページの図のように、トランスデューサと呼ばれる送波器を底に置き、その上に反射板を設置する。トランスデューサから超音波を発して、反射板を設置する高さを調整して図のように定常波を発生させる。そして、定常波の節に相当する部分（中心軸上で気圧変化が大きい場所）に小さな物体を持っていくと、空中浮揚させることができるのだ。

定常波とは、波長・周波数・振幅・速さが同じで進行方向が互いに逆向きの二つの波が重なり合うことによってできる、波形が進行せずその場に止まって振動しているように見える波動のことである。そんな定常波の節の部分ではこんな不思議な現象が起こるのだ。因みに、トランスデューサから発せられる超音波は縦波（疎密波）だが、図ではわかりやすくするために横波として描かれている。

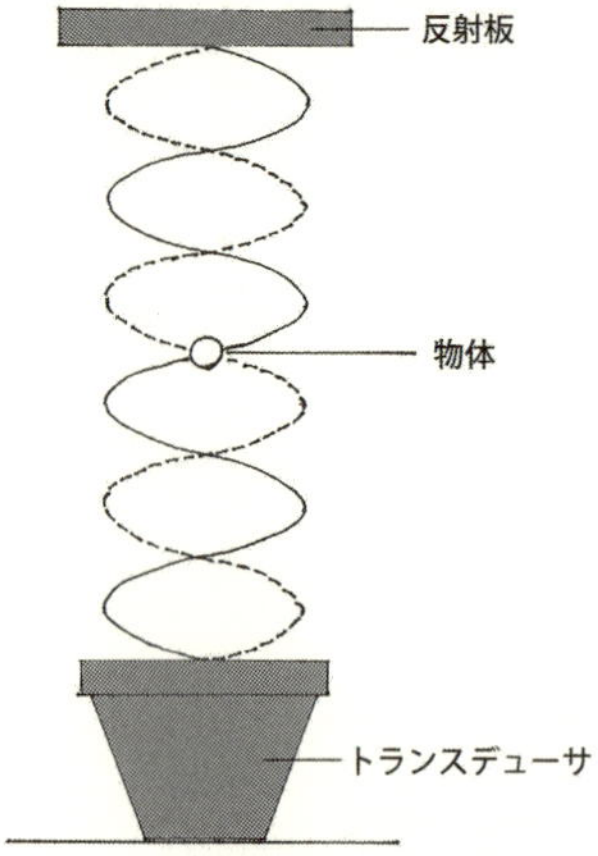

反射板
物体
トランスデューサ

音波浮揚の概念図

このように、超音波を利用した物体の空中浮揚は、音波浮揚（アコースティック・レヴィテーション）と呼ばれて、誰でも簡単に再現できることから、今や人気の高い技術である。

さて、ここで超音波と聞いて、何か思い出される読者もいることだろう。それは、古代エジプトにおいて、石の切断に超音波ドリルが使用されていた可能性である。超音波ドリルを利用すれば、わずかな電力で切れ味鋭い加工が可能である。そして、問題とされるのは、当時のエジプト人が超音波を利用できたのかどうかである。

筆者の考えでは、超音波の利用は難しかったが、それに近い技術を利用し、石材の穴開け、切断、加工等に応用し、ハラッケーハマのようなミネラルを溶かしうる植物の利用でさらに加工の精度・品質を高めたのではないかというものだった。

では、空中浮揚に対してはどうなのか？　現状、我々の知る文明世界では、超音波で重い物体を運べる技術はない。超音波の使用ではないとしたら、古代人やチベットのラマ僧らはどのようにして巨石を空中浮揚させたのだろうか？

チベットで使われたチベタントランペット

現代の音波浮揚で利用されるのは波長の短い超音波である。そのため、現状では、空中浮揚させることができる物体は半波長以下の小さなものに限られる。強力な電力を使用すれば、人間のように大きく重い物体を空中浮揚させることは不可能ではないとされるが、少なくともそれを実現させるためには、かなり高い技術を要する。

かなり高い技術とは、試行錯誤に加えてモダンな機材や電源を要するという意味である。超音波を発生させることは、可聴域を超えた高音をいわばスピーカーで再生するようなもので、十分ハイテクと言える。今でこそそんなトランスデューサは簡単に入手できるが、過去にそんな超音波技術が地上のどこかに存在し、長いこと秘匿されてきた可能性は極めて小さいと思われる。

但し、低周波音を使用しながらも、特別な条件で特別な構造・物体に対して発することで、増幅・変換効果を得て、結果的に超音波が生み出される可能性に関しては否定せずにおく。

とはいえ、そんな難題に取り組む前に、ここでは、既に我々が知っている超音波による音波浮揚をいくらか参考にできるだろう。そもそも超音波とは、ヒトの可聴域を超えたもので、周波数にして2万Hz以上の音波だとされる。波長に換算すれば十数ミリレベルである。音波浮揚において、物体を浮かせることができるサイズは波長の半分以下に限定されることから、極めて小さく軽いものしか対象にできない。

ところが、チベットの僧が空中浮揚させた石は長さ1・5メートルにも及ぶ重たいものであった。仮にこの法則を適用するとすれば、波長はその2倍の3メートルは必要となり、その波長に対応する周波数は約113Hzとなる。因みに、この計算は、空気中を伝わる音の速度をおよそ340m／sであるとみなし、それは周波数と波長の積であるという関係式v(m/s)＝f(Hz)×λ(m)に基づいている。

113Hzといえば、超音波ではなく、可聴域、分かり易く言えば、オーディオでいう低音域に相当する。このレベルよりも低い音は、径の大きなサブウーファーで再生するのが一般的である。だが、そんな低音で巨石を動かす秘策があるのではないか？

というのも、実のところ、まさにそんな低音を再生できる楽器がチベットには存在しており、その具体例が、直径1メートルや70センチの太鼓であり、長さ3メートル超のチベタントランペットなのである。

長さ3メートル超のラグドゥン（チベタントランペット）
Photo by human-resonance.org

また、他にいくつも条件が揃っていたことを思い出して頂きたい。19の楽器が弧を描いて配置されて、それらはいずれも動かすべき巨石に向けられていたわけだが、その延長線上にはそそり立つ崖がやはり弧を描くように反射板の役目を果たしていた。もちろん、崖面は地面と違い、音を吸収するような緑で覆われているわけではない。そして、3種類の太鼓、チベタントランペット、加えて僧侶たちの詠唱は、巨石を焦点にして崖という反射板からも音波を受けるようになっていた。興味深いことに、チベタントランペットは全体的に等間隔の配置だが、低音の太鼓が中央に、中低音の太鼓がその周りに、中音の小さな太鼓はさらにその外側になっていた。

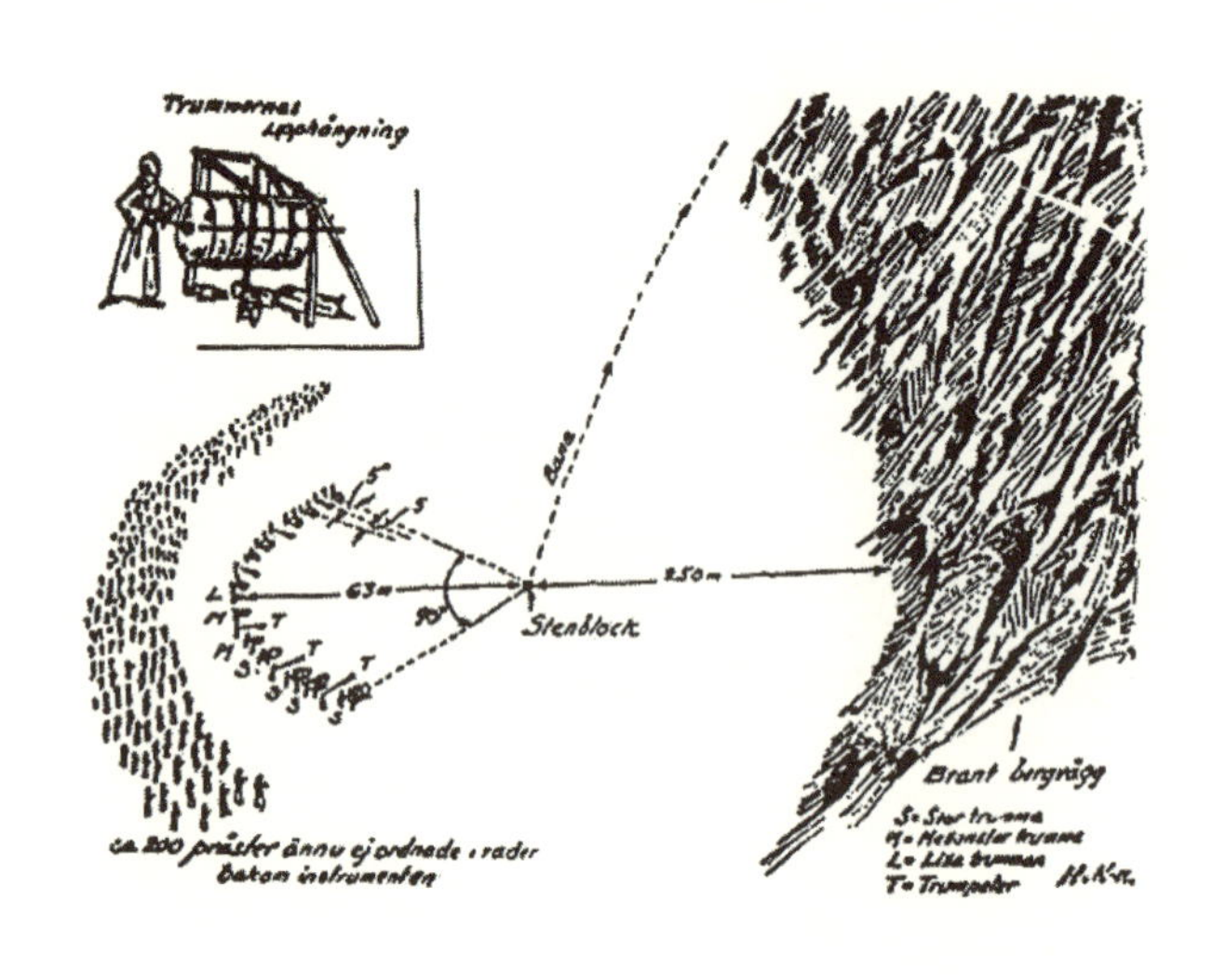

今となっては各楽器が発する音の周波数を調べようもないが、適切な配置となっていれば、トランスデューサに相当する音源から発する音波と、崖という反射板からの音波が重なり合って定常波を生み出し、超音波浮揚の原理と同様に、巨石を置いた場所で節が現れる可能性がある。

というのも、実際のところ、巨石と崖までの距離250メートルは、楽器から巨石までの距離63メートルのほぼ4倍となっていた。正確には、63メートルの4倍は252メートルであり、まさに252メートルに設定されていたと思われる。なぜなら、天然の崖は完璧な垂直の壁を形成しておらず、石を運び上げる踊り場から垂直に下ろした直線と地面との交点は、崖面よりも2メートルは奥に入ったところだったと思われるからである。

他にも音波浮揚に適した工夫がなされていたこと

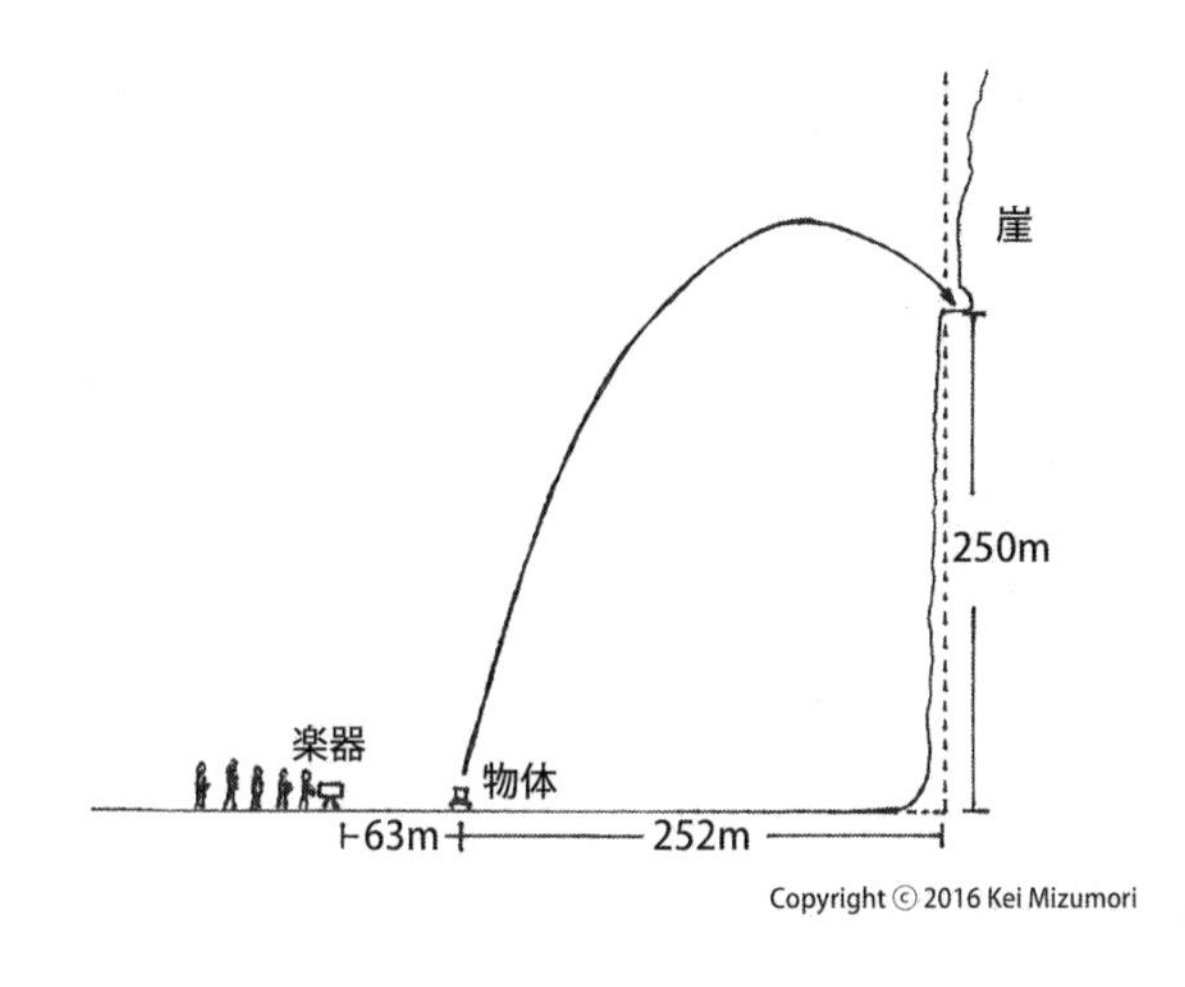

が窺われる。それは、楽器が弧を描いて配置されていたことにあるが、それによって、石は脇に逸れることなく、浮揚させることができたと思われる（逸れても、楽器の左右間の音圧調整等で進行方向を修正できるかもしれない）。

さらに、楽器や詠唱は大音量を発していた。これは野外では最低限必要とされる条件と思われる。このように、石のサイズと楽器や声（詠唱）の波長（周波数帯域）を考慮すると、完璧な配置になっていたことが分かる。

ここで、気になる点がないわけではない。楽器から反射板となる崖までの距離が少々長すぎはしまいか？　反射して戻ってきた音波の振幅はかなり減衰しているはずである。また、各楽器から発せられる基音の波長は、ちょうど物体までの距離で定常波の節を作れるようになっていなければならないだろう。

もしそのように調整されていたとしたら、(概算で)各基音の半波長の公倍数が63メートルになっていたと予想される【注：仮に大きな太鼓の発する音の半波長が3メートル、中サイズの太鼓の発する音の半波長が1・5メートル、小サイズの太鼓の発する音の半波長が0・5メートル、トランペットの発する音の半波長が1メートルであれば、公倍数の3メートルおきに定常波の節が現れ、63メートル先でも節が現れる】。だが、残念ながら、太鼓が発する音の周波数を寸法から算出することは極めて困難であり、この点は簡単に検証できそうにない【注：奇しくも太鼓の両側が革張りではなく、片側が金属で覆われ、もう片側が開放状態だったことから、例外的に気柱共鳴の原理で周波数が概算されるかもしれず、先に触れたような半波長の公倍数を設定できる可能性はある】。とはいえ、このような点に関しては、彼らは承知の上で計算していた(現物合わせで調整してきた)可能性もあるだろう。

また、他にも気になる点がある。音波浮揚においては、特定部分の空気圧が高まることで、いわば固まった空気の上に物体が載る。やはり、巨石では重すぎて無理があると思われるのだ。そう考えると、おそらく一番の問題は、いくら大音量を出しても、音波浮揚と同じ原理を利用しただけでは明らかにパワー不足と思われることだ。他にも何か考慮すべき重要なことが存在しそうである。それを見つけ出さねばならない……。

振動に加えて、特別な波動干渉が浮揚力をもたらす？

これまで神話・伝承に加え、過去の発明家や研究者の体験などを振り返り、物体の空中浮揚の例をいくつも取り上げてきた。もし、そんな具体例から共通点や法則性を発見することができれば、空中浮揚現象解明への突破口となる。だが、それは決して簡単なことではない。特に、すべての事例に共通することを探そうとするほど、それは困難となる。

筆者の考えでは、空中浮揚を実現するための方法論は複数存在する。そのため、すべてに共通するようなことを探すのではなく、似たようなアプローチがなされた方法論を集め、分類することの方が重要となる。

そのように考えてみると、一つ、大きな柱が見えてくるのではなかろうか？　例えば、マスウーディーが描写したエジプトでの石飛ばし、カウスキー博士とフロスト技師による石英の空中浮揚、ジョン・キーリーの音による物体の浮揚、神話・伝承に加え、チベットの僧によって行われた音による石飛ばしには、少なくとも共通点と法則性があるように思われる。それは「振動」である。

まず、マスウーディーが描写したエジプトでの石飛ばしにおいては、金属棒で石を突いて振動が起こされていた。

カウスキー博士とフロスト技師による石英の空中浮揚においては、垂直方向に高周波を与え、固有振動数に働きかけることで、石英に振動が与えられていた。

ジョン・キーリーの楽器を使ったデモンストレーションにおいては、やはり、高周波が与えられ、さらに楽器による音波で物体に振動が与えられていた。

また、神話・伝承に加えて、チベットの僧による石飛ばしにおいては、大音量の重低音という音波を利用して巨石に微振動が与えられていたと考えられる。

共通するのは振動だけではない。キーリーは特別な和音を使い分けて鳴らすことで、物体に引力や斥力を与えることができたとされるが、チベットでの僧による石飛ばしにおいても、やはり、大・中・小の太鼓、チベタントランペット、そして、ヒトの声による和音で空中浮揚を実現させていたと考えられる。この特別な和音こそが、例外的に重量級の物体を音波浮揚させる秘密に関わっているのではないか？　つまり、振動物体に特別な和音を作用させると、物体の重量（重力）を変化させる条件を整えるのだろうか？

キーリーが行ったように、ツィターのような弦楽器において複数の弦が同時に鳴らされれば、個々の音波は互いに干渉する。例えば、静かな湖の水面に石を落とせば、波紋が同心円状に広がっていく。それが一本の弦が発する音だと考えれば、サイズの異なる石も同時に落とせば、大きな石を落として生み出される波の方が優勢になりながらも、二つの同心円状の波紋が干渉した模様が湖面に描かれることになる。キーリーが三つの音を和音として発していたとしたら、さらに複雑にはなるが、特別な模様を生み出すような波動が空間に広がったことが想像される。

これは、チベットの僧による石飛ばしにおいても同様と思われる。各楽器が発する音波は互いに干渉して、特別な模様が空間に広がっていくのである。

ということは、複数の音波によってある特別な干渉模様が空間に形成される時、重力に逆らう音場が生み出される可能性があるのではないか？　そして、それが、小さく軽い物体のみ浮揚させ得る音波浮揚の限界を打ち破る鍵になるのではなかろうか？

実は、そんな特別な波動の組み合わせで重力の謎を解いたとする科学者がいる。ロシアのユーリ・イワノフ博士である。イワノフ博士は定常波圧縮現象を発見して、注目すべきことに、マイケルソン・モーリーの実験でエーテル【現在ではその存在が否定されているが、光を伝える媒質のこと】が検出されなかった背景を説明した人物でもある。それにより、ヘンドリック・ローレンツ（1853－1928）によるローレンツ変換やアルベルト・アインシュタインによる特殊相対性理論の問題点を発見するだけでなく、イワノフ変換を生み出すことによって20世紀の物理学に修正を加えたのである。

図：http://www.keelynet.com/spider/b-100e.htm

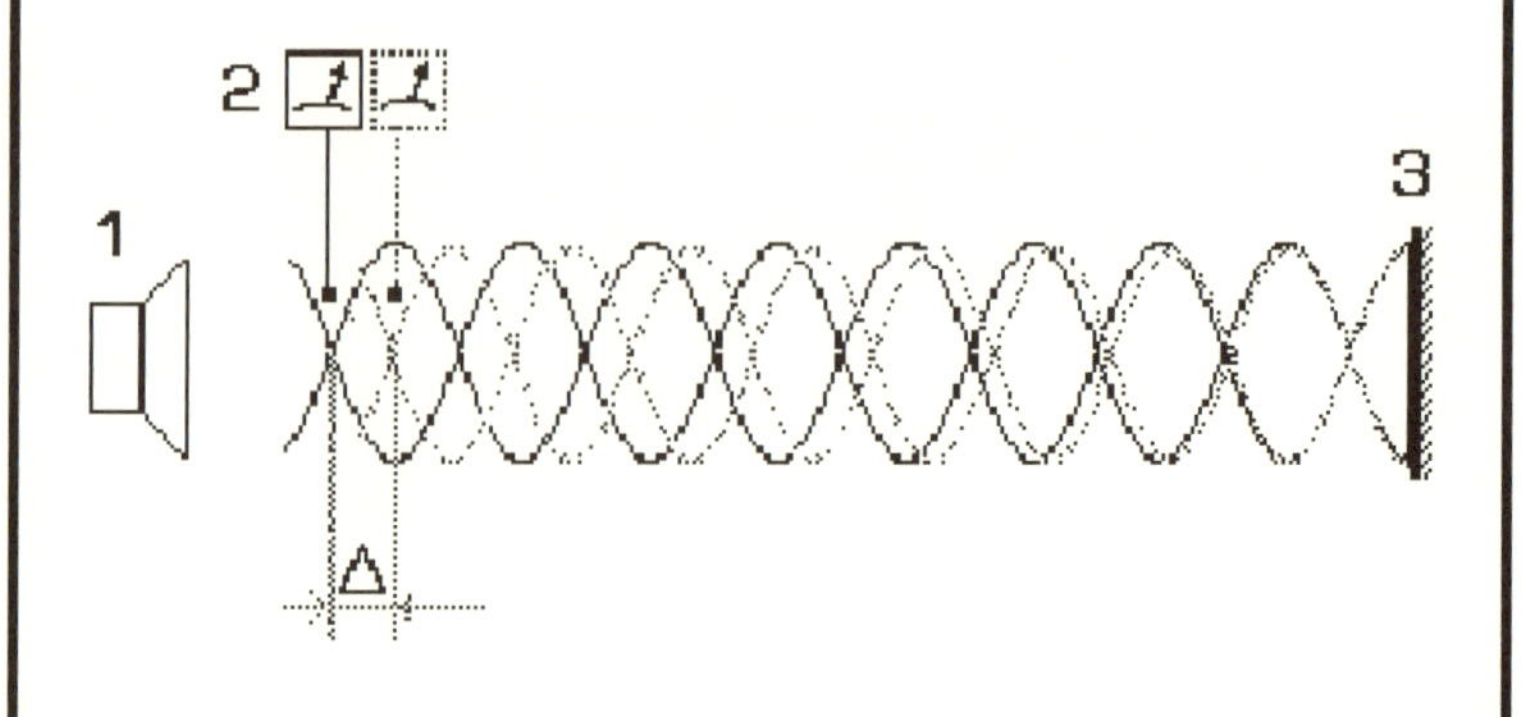

図：http://www.keelynet.com/spider/b-100e.htm

高速移動する物質にも当てはまる「定常波圧縮」

では、定常波圧縮現象とは何なのか、光の媒質＝エーテルを例にして説明を行うことにしよう。

今から100年ほど前、音は空気のような媒質を伝わるように、光もエーテルという媒質を伝わると考えられてきた。そのため、空気中にエーテルも含まれるものと考えてみる。

まず、ある距離を隔てて、互いに向き合うように光源を設置する。前頁の上図のように、無風状態では、左右の光源から光はともにCの速さで伝わる。だが、下図のように、右から左へ速度Vのエーテル風が吹くと、左から発せられる光速はC－Vとなり、右側から発せられる光速はC＋Vとなる。

ここで注目すべきことは、光速がCからC－Vになる時はその波長が短く縮み、CからC＋Vになる時は長く伸びることである。これは、光源の反対側を鏡の反射板とした場合でも言えることで、光源と反射板との間に生成される定常波の数が変化することを意味する。

この現象をもう少し分かり易い例で説明してみよう。次頁の左図は、二つの波動ソースから周波数も振幅も同じ波が発せられた際に出来上がる干渉模様（波紋）を示したものである。こ

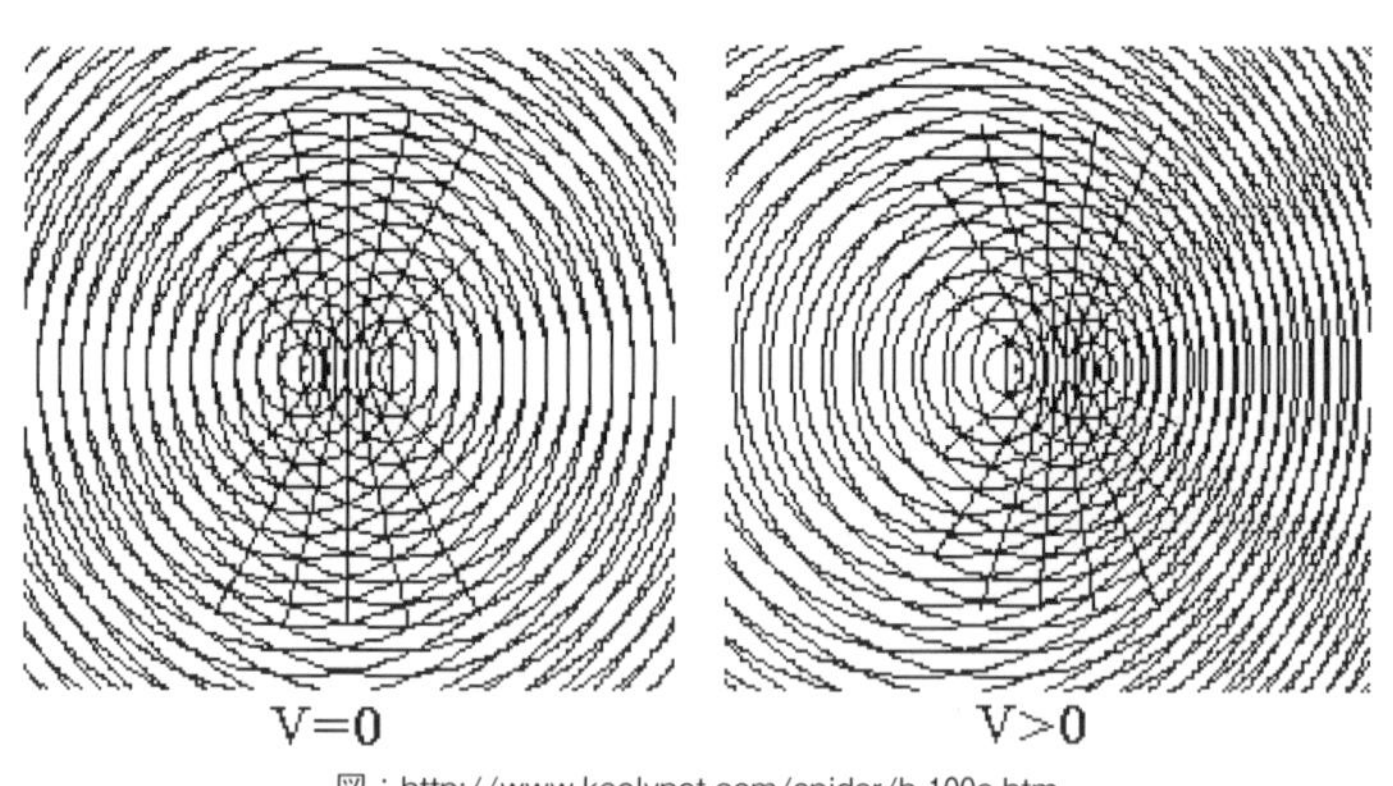

図：http://www.keelynet.com/spider/b-100e.htm

こで、右側から速度Vの風を受けるか、この二つの波動ソースがそっくり右方向に速度Vで移動すると、右図のようになる。右側の方、つまり、抵抗を受けて進もうとする側の波紋の間隔が密になっているのが分かるだろう。これが定常波圧縮現象である。

イワノフ博士によると、定常波圧縮現象は普遍的であり、高速移動する固体物質においても当てはまる。というのも、あらゆる物質はある間隔を持った原子や分子といった粒子の結合で構成されているため、定常波を生む結晶格子によって出来上がっていると捉えることができるからだ。

105ページの一番左の図は、固体物質の概念図である。黒い点は原子を示すが、原子は振動を行う。そのため、波動が発生し、原子の中心部分を節とみなせば、原子間に腹（山や谷）を形成する振幅を生みながら、定常

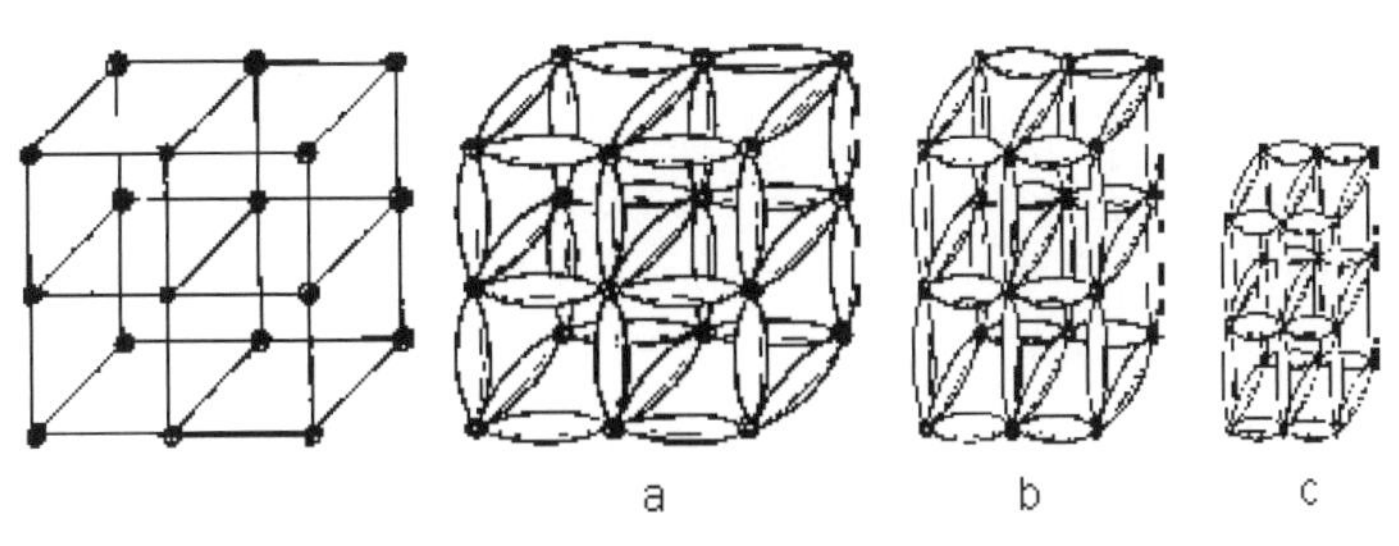

図：http://www.keelynet.com/spider/b-100e.htm

波を作り出す。定常波を発生させている物質は、もし光速の50％以上のエーテル風を受けるか、光源に逆らうように移動すれば、波紋の間隔が密になるのと同様に、縮むことになる。

では、どのように縮むのか？

ローレンツは波動干渉まで想定していなかったため、運動方向にのみ縮むと考えた。つまり、b図がローレンツ収縮を示したものとなる。だが、イワノフ博士によると、現実はそうではないのである。

波紋の図を再びご覧頂きたい。確かに運動方向では波紋の間隔は密になっているのが分かると思うが、垂直方向においても、収縮現象は発生しているのである。そればかりか、波動は3次元的な広がりを持って伝わるため、その収縮現象はX軸、Y軸、Z軸の3次元的に発生するのである。

実は、これまで物理学の世界では技術的な問題もあって、波動干渉に関してあまり深く研究されてこなかった。だが、近年ではコンピューターによるシミュレーションも発達し、ようやく複数

b 図のローレンツ変換

$$x' = \frac{x - Vt}{\sqrt{1 - \beta^2}}$$

$$y' = y$$

$$z' = z$$

$$t' = \frac{t - V/c^2 \cdot x}{\sqrt{1 - \beta^2}}$$

ローレンツ変換では x 軸方向でのみ縮みが発生する。

c 図のイワノフ変換

$$x' = \frac{x - Vt}{1 - \beta^2}$$

$$y' = y/\sqrt{1 - \beta^2}$$

$$z' = z/\sqrt{1 - \beta^2}$$

$$t' = t$$

イワノフ変換では、x 軸方向だけでなく、y 軸、z 軸方向にも縮みが発生する。

の波動がいかに複雑なパターンを形成して干渉を行うか、視覚的にも確認できるようになった。そのため、イワノフ博士は1981年の発見以後、十数年を経て、視覚的に説得力のある説明を行うことができるようになったのだ。

そして、実際に起こる収縮現象は、定常波圧縮現象に従うと、c図となることが分かる。この3次元の世界に存在するあらゆる物質は3次元的な結合に基づいており、発生する波は3次元的に広がる。そのため、X軸のみを考えるわけにはいかないのである。

そこで、イワノフ博士は、ローレンツ変換の間違いを正して、定常波圧縮に基づいたイワノフ変換を提示したのである。

実は、これによってマイケルソン・モーリーの実験の真相が見えてくる。過去に繰り返し行われてきた実験において、時間差（速度差＝干渉縞のズレ）、つまり、エーテルの存在は検出されなかったが、イワノフ博士によると、それは当然のことだということになる（巻末の補遺参照）。

スパイダー効果と重力コントロール

ここで、筆者がイワノフ博士の理論を紹介したのは、既成理論の修正に関心があったからで

スパイダー効果。上の波動ソースの周波数が高く、エネルギーは下に移動する（重力は下に及ぶ）　図：http://www.keelynet.com/spider/b-100e.htm

はない（また、筆者はイワノフ博士の理論の妥当性を十分に評価できる立場にもない）。先に触れたように、振動物体に複数の波動（例、和音）が関与することで、重力が変化しうることをイワノフ博士は発見し、さらに、重力を生成する干渉模様すら具体的に提示しているからである。

詳細に関心のある読者は巻末の補遺と出典元をご覧頂くとして、ここでは結論のみ紹介することにする。

イワノフ博士によると、重力を形成する波動の干渉模様は上図のようになる。

上の波動ソースの周波数を高く、下の波動ソースの周波数を低く設定して生み出される特別な干渉パターンである。これは、お尻を上に、頭を下にして巣で獲物を待ち構えるクモの姿と似ているため、「スパイダー効果」と名付けられている。

イワノフ博士によると、クモがこのように逆立ちしている姿には深い意味がある。古代の人々はスパイダー効果の干渉パターンを知っていたからこそ、世界中にクモ（やクモの巣）が天と地、光と闇を繋ぐ精霊や神のような存在として神話や伝説に残されているというのだ。

ところで、波動干渉は静止した二つのソースだけを相手にするのではない。そこに風が吹いたり、波動ソース自体が等速移動、加速移動するケースもある。波動ソース同士が近づいたり、遠ざかったりするケースもある。波動干渉は興味深いもので、同じ干渉パターンを異なる条件下で再現することも可能である。

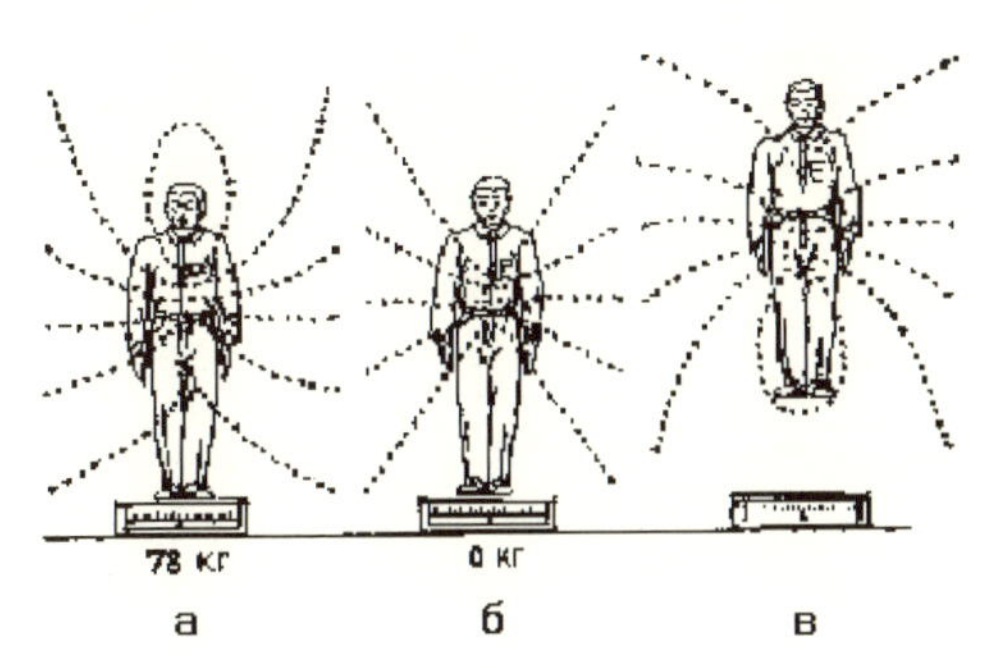

図：http://www.keelynet.com/spider/b-100e.htm

シミュレーションで確認できるようだが、同じ周波数の波動を発していながらも、それらの波動ソースがそっくり特定の速度で移動する場合、さらに加速移動する場合においても、スパイダー効果は表れる。また、波動ソースを3点にしても、スパイダー効果を生み出すことができるという。

イワノフ博士によると、重力の正体はこのスパイダー効果の干渉パターンにあり、万有引力は存在しない。そして、上下逆向きに作用させる波動干渉（スパイダー効果）を生み出すことで、空中浮揚は可能であると考えて実験に取り組んできたが、最近、その実験に進展が見られているという。

イワノフ博士が言うように、古代の賢人たちはスパイダー効果を生み出す音波について知っていたのだろうか？　筆者からすれば、その可能性は十分考えられると思われる。

だが、イワノフ博士の理論で本当に物体の空中浮揚が可能なのだろうか？

イワノフ博士は、学者として重力制御を波動干渉の1点に還元した。そして、定常波圧縮の概念をベースに、従来の音波浮揚の限界を取り除く術を発展させつつあるのだと思われる。

そのためか、これまで筆者が言及してきた振動の重要性や、他に必要と思われる条件（今後言及する初期浮揚力など）については触れていないようである。

筆者の考えでは、この物質世界においては、振動・波動を減衰させてしまう要因があまりにも多い。そのため、イワノフ博士の言うスパイダー効果を生み出すには、波動源の周波数調整だけでは難しいのではないかと想像する。

空中浮揚を解くカギは「振動＋波動干渉／静電場」か⁉

空中浮揚の方法論を見出すために筆者が行ったアプローチは、ある意味では非常識だった。イワノフ博士と違って、筆者は理論的な考察は後回しにして、古代の伝承を含め、様々な事例を馬鹿正直に検証し、共通点や法則性を見出すことを出発点とした。それゆえ、結果的に多角的なアプローチを行うこととなり、古代人はいくつかの技術を組み合わせて空中浮揚を実現させていたことに筆者は気づいた。中には、シンプルなメカニズムに基づいた方法論を単独で活用した事例もあったとは思う。だが、重力を増減させ得る具体的な波動（周波数）の組み合わせを見つけ出す他に、まだ何かが足りないと筆者には感じられた。それには、振動を減衰させることなく持続させる工夫だけでなく、初期浮揚力とも呼べるような補助的な力の生成が含まれる。

また、静電場へのアプローチも無視できない。これまで、物体の空中浮揚には、「振動」と「波動干渉」の組み合わせが鍵となることに注目してきたが、もう一つ注目すべきことがあった。それは、「振動」と「静電場」の組み合わせである。カウスキー博士とフロスト技師が石英を空中浮揚させたケースにおいて、垂直方向に高周波が加えられることで振動が促された上、2枚の菱形のプレート間には水平方向に静電場がかけられていた。空中浮揚を成功させるには、石英に対して高周波や静電場を及ぼす角度、そして、静電気が発生しやすい低温・低湿条件の有無が大きく影響を与えていたとされるが、振動物体に静電場が作用すると、重力が変化する可能性を示唆するものであった。

このアプローチは、マスウーディーが描写したエジプトでの石飛ばしにも当てはまるのかもしれない。空中浮揚させる石が置かれた舗装路の両脇には金属棒が立てられていたとされるが、それらは水平方向に石を挟み込んでいたと言える。金属棒（ポール）の存在意義は、石の軌道コントロール以上に、浮揚力を与える静電場を生み出すためだったのではあるまいか？　そんな金属棒（ポール）は、プラス帯電しやすい毛皮のようなもので擦られることでマイナスの静電気を生み出していたのだろうか？

静電場と波動干渉に接点があるとすれば、後者においては、複数の音源から発せられる音波が空気を摩擦して、静電気を生み出すことが考えられる。特別な比率でずらした周波数の音波を互いに干渉させることで、特別な性質の静電場が生み出されるのだろうか？ そうであれば、音波による波動干渉の重要性は、空気圧の変化以上に静電場の生成にあると思われる。

おそらく、巨石浮揚法を知っていた一部の賢人たちは、我々のように電気器具を使うのではなく、音波の干渉や摩擦、あるいは、のちに紹介する他の方法で特別な静電場を生み出していたのだと筆者は推測する。但し、他にも様々な条件を揃えなければならず、「振動＋波動干渉／静電場」という組み合わせは、あくまでも一側面だけに注目してみた結果に過ぎない。

そもそも空中浮揚にはいくつかの方法論がある。類似した事例、あるいは、まったく異なる事例など、幅広く把握しておくことで、個々の事例に対する理解もさらに深まっていく。また、過去の研究者たちが見落としてきたような細部にも注目してみる必要があるだろう。本格的な謎解きの旅はこれから始まることになる。

第二章

音叉と椀状石(わんじょうせき)の謎／謎を解くカギは可動性を高める振動!?

振動が物体の可動性を高める

振動物体の重量（変化）を計測することは難しい。筆者ははかりの上に物体を置き、音波を浴びせて物体を振動させる実験を行ったことがある。だが、はかりには、デジタル式の場合はひずみセンサーが、アナログ式の場合はバネが入っていて、ある特定の周波数の振動にそのセンサーやバネが共振してしまう。結果的には同じことかもしれないが、物体よりもむしろはかりを振動させてしまうことになる。共振してしまうと、その勢いで物体を激しく振動させることになる。そのため、少なくとも固有振動数の異なるひずみセンサーやバネを使ったはかりを複数使って、物体の固有振動数にのみ働きかけるように考えて計測しないといけない。そんなことを考えるだけでも、振動物体の重量（変化）を正確に計測することは難儀である。

ただ、そんな試行錯誤の中で前進もあった。それは、重量（変化）の数値はどうあれ、はかりの上で物体が振動を行うと、決して珍しいことではないが、その物体は横滑りするように軽々と動き回るという現象をまじまじと眺められたことだった。物体は振動を行うと可動性を高めるのである。

先に紹介した竪琴の名手アムピオン（ギリシャ神話）は、その音色で石をも動かし、古代都市テーベの壁を造ったという。また、アムピオンが大きく明瞭な音で竪琴を鳴らすと、彼の倍ほどの重さの石が後をつけて来たということだった。

これは、筆者が実験において体験したように、平面上に置かれた物体が振動すると、横滑りするように動き出す性質が利用されたのではないかと思わせた。地震の際に重い冷蔵庫や簞笥があらぬ場所に移動してしまうことがあるが、これも基本的に同じ現象である。実は、重量低減や反重力といった大きなテーマを考える以前に、物体の可動性を高めることが肝心である。そして、そのためには、物体を振動させる必要がある。

例えば、水の状態変化を考えてみる。氷は重く、硬く、動きのない物体であるが、温められると、液体の水となる。水も重いが、流動性は増す。さらに、温められると、水は水蒸気となり、相対的には軽くなり、さらに動的となる。このように水が可動性を得る背景には、水分子の振動が高まったことがある。振動を与えると、物体は可動性を高めるのである。

では、物体をどうやって振動させるか？　これは大きな課題である。現代では、屋内でも家庭用電源から様々な方法で物体に物理的・電気的な信号を持続的に与えることができる。そして、反重力の研究者たちは、物体に鉄のようなワイヤーを巻き付け、高周波（交流）を加えると、重量が減少するという現象に出くわしてきた。これは、物体を振動させることに役立つからだと考えられる。今の我々は、少々の悪条件があっても、近代的な技術力でそれを克服できる。だが、古代の人々が行った方法を再現しようと考えた場合には、それは参考にならない。彼らはあまり便利な道具を持っていなかったと考えられるからだ。

例えば、巨石が地面にめり込んでいれば、そう簡単に振動を与えることはできない。床やテーブルのような硬い支持面とできるだけ小さい面積で接するようにする必要があるだろう。その理由の一つは、石に振動を与え易くすると同時に、その減衰を最小限に留めるためである。理想を言えば、物体を短時間でも空中に浮かせた状態を保つことができれば、その物体に十分に振動を与えられるだけでなく、他に接触する物体もないため、振動の減衰を最小限に抑えることができる。

だが、もちろん空中浮揚させたい物体を空中浮揚させた状態からスタートさせることはできない。物体を何か台座のようなものに載せてからスタートさせねばならない。そして、台座となる物体は、巨石の重量に耐えられるギリギリまで接触面を小さくして、振動を与え易い状態を作り出すことが求められる。

因みに、超音波を利用した現代の音波浮揚においては、物体は小さく軽量ではあるが、実は空中に浮かせた状態からスタートさせることができているとも言えるのかもしれない。というのも、トランスデューサと反射板に挟まれて定常波を発する位置は、激しい振動が得られる場所であるが、音波浮揚においては、その空中のポイントに、ピンセット等で小物体を持っていっては放すということが行われるからである。小物体とピンセットとの接点は小さいのに加え、特定の場所に近づけられた際には、小物体は既にその音場に浸かって半分振動を始めているようなものである。

だが、古代人はそのような方法は利用しなかった。別の方法を考えねばならない。

そのように考察してみると、自ずと注目すべき対象が浮かび上がってくる。チベットのラマ僧が行った石飛ばしにおいて利用していながら、これまで触れてこなかったものである。

椀状石は圧電効果で浮揚力をアップさせる？

それは、空中浮揚させる石を載せた石板である。中央部分が、直径1メートル、深さ15センチのお椀状に窪んでいたため、石板というよりは、椀状石と呼ぶのが相応しいと思われる。

残念ながら、チベットの僧が利用した椀状石がどのようなものだったのか、詳細は不明だが、推測することは可能である。実は、お椀型の石は世界中の巨石遺構で発見されてきたからである。

例えば、メスティソの歴史家で文筆家のインカ・ガルシラーソ・デ・ラ・ベーガ（1539－1616）の記録によると、スペイン人がインカ帝国を侵略した際、ヒト二人分よりも大きな直径の巨大な花崗岩の椀状石を破壊したという。また、花崗岩の椀状石はアイルランド島ミース州のボイン渓谷にある新石器時代の羨道墳のノウス、ドウス、ニューグレンジにおいても発見されている。

さらに、エジプトでも発見されている。ギザからサッカラに南下する途中にあるアブ・グラーブには、ニウセルラー王の太陽神殿がある。かつては高さ50メートルに達したと言われるオベリスクの前にはアラバスター（方解石、石灰岩の主成分鉱物）でできた祭壇がある。四方を示す石の中央には見事に研磨された円盤石があり、平和と食べ物を意味するホテプのシンボルだとされる。この円盤石は立坑の蓋になっていて、その約55メートル地下は海水面に相当し、今でも水が流れているという。

因みに、当時この地で地下を流れる水の音を利用して、現代で言うところのサウンド・ヒーリングが行われており、古代エジプト人の音に対する関心の高さを窺い知ることができる。

このアブ・グラーブの地域では、その円盤石とは別に、巨大な石英（水晶）の椀状石が九つ発見されている他、石灰岩による椀状石も見つかっているという。写真の椀状石は砂をかぶっているため、実際の色を確認することは難しいと思われるが、実物は見事なまでに半透明の結晶で構成されたものである。その椀状石は、正方形の中に円形が浮彫として施され、現在では、それらが展示されるように並べられている。ピラミッドのそばで発見された九つの椀状石は、

アブ・グラーブの階段ピラミッド　Photo by human-resonance.org

椀状石の上に置いた巨石を音で共振させて、振動を起こすと同時に圧電効果による電気を発生させて、音波浮揚に導くのに何か補助的な役目を果たしていた？　Photo by human-resonance.org

正方形の中に円形が配置されたマンダラの浮彫をも連想させるもので、すべて同じ形で、注意深く作られている。その用途は、牛の生け贄を捧げる際に血を受けるためだと推測されてきたが、底に血抜き用の穴もなければ、血が溜まって変色した跡もない。また、椀の上部一辺に三つの穴が開けられているが、血を流し込む穴とは考え難く、水受けだったとしても三つの穴の存在理由が説明できない。さらに、どの穴も電動ドリルが使われたかのように見事なまでに正確に開けられていて、手掘りでは困難と考えられるのも興味深い。ピラミッドを構成するブロックのような巨石以上に、何か重要で特別な用途のために精密に作られたことが窺われる。

また、九つのブロックがどれも同一に規格化されていることは、それらがピラミッドの周辺地域に供給され、石の壁で覆われた構造物や石畳にはめ込まれるように意図されていたことが類推される。

これだけ謎めいた巨石でありながら、奇しくもこれらの椀状石は過去30年にわたってほぼ無視されてきた。そして、その用途は謎とされてきたのだが、実は、これはチベットの僧が使ったように、空中浮揚させる巨石を載せる台だったと考えられる。

椀状石の上面では、お椀の縁が盛り上がり、土俵の綱のようになっているが、その上面は平らになっている。そのため、巨石を載せても、その重量に耐えられると同時に、巨石に振動を与えられるだけの接触面が確保されているように思われる。いくつもの椀状石を観察すると、その円環部の擦り減り方が異なることもそれを示唆しているように感じられる。また、繰り返し使用される中、盛り上がった円環部が擦り減るか、割れてきたら、さらに外部と内部を削っていったことから、厚みに差があるのだと推測される。

切り出された天然の岩石は、現代の工業製品と異なり、表面がごつごつしている。接触面で密着することはない。たとえ重量が重く、持ち上げることは無理であっても、椀状石の上では比較的小さな力で微振動は生み出されるはずである。つまり、巨石が椀状石に載せられ、大音量の重低音を浴びれば、目に見えないレベルで風圧を受け、微振動を促されると考えられる。これは、椀状石の上に人間が腰かけてみるだけでも体験できよう。大音量の重低音を直接浴びれば、大変な風圧を受けるだけでなく、大地の揺れをも感じられるぐらい、衝撃と迫力を得られるはずである。

そのようにして、音波が巨石に微振動を継続的に与えるだけでなく、特別な周波数の組み合わせによって、条件の一部が満たされ、上向きの浮揚力に結び付いていったのではなかろうか？

さて、インカ帝国で破壊された椀状石は花崗岩製、エジプトで発見された椀状石は石英製（一部は石灰岩製）であったことから分かるように、いずれも圧電効果を有する巨石である。大きな椀状をとることで、その上に載せられるブロック石に何か特別な力を伝えるのではなか

並べられた椀状石　Photo by human-resonance.org

各椀状石には三つの穴が開けられている

ろうか？　例えば、チベットの僧による巨石浮揚において、材質は不明だが、椀状石は、やはり浮揚させる巨石の下に据えられて、楽器からの音と崖（反射板）の作用でその位置で定常波の節が発生する中、巨石に対して振動を与えるだけでなく、何か相乗効果を及ぼしたのではなかろうか？

古代エジプト人の技とチベットの僧の技との接点

ここで、椀状石という存在を介して、チベットとエジプトが繋がったように思われる。マスウーディーが描写した方法を除いて詳細は不明だが、エジプトに多くの椀状石が残されていることから、チベットのケースと同様に、椀状石が巨石の載せ台として利用されていたことが窺われる。つまり、振動と椀状石という共通項が存在していたことになる。

だが、主にエジプトのケースにおいては打撃が、チベットのケースにおいては音波が使用されていたとすれば、その違いに何か意味があるのだろうか？

筆者の考えでは、チベットでの巨石運搬法は、山岳部における特別な立地条件（断崖）を利用して実現させたものであり、いわば外部環境を整えて物体を浮揚させるものである。その反面、マスウーディーが描写したエジプトでは、平地が多くチベットのような特別な立地条件は利用できなかった。そのためか、現代の音波浮揚のように、お椀型のトランスデューサと反射板を向き合わせるような描写もない。まるで石自体が内部にエンジンを備えていて、周囲の環境に影響を受けずに浮揚するかのようである。

おそらくは、そんな条件の違いが、方法論の違いに反映したのではなかろうか？

マスウーディーの描写では、舗装路脇の金属棒（ポール）による静電場の中、石の下に魔法のパピルスを敷き、杖のような金属棒で石を叩くだけであるが、魔法のパピルスと椀状石は同じ効果をもたらすのだろうか？　それとも、マスウーディーの描写では分からなかったが、空中浮揚する石の下、つまり、石畳には椀状石がはめ込まれていたのだろうか？

チベットのケースでは、楽器から音を出し続ける限りは、巨石を持続的に微振動させることができる。だが、マスウーディーが描写したエジプトのケースでは、金属棒で突いて生じる振動はまもなく減衰していく。巨石を45メートルも飛ばすには、突く場所や強さは重要で、かなり熟練した技術が必要とされたはずである。古代エジプト人も効率的に振動を与える方法に関しては、試行錯誤したのではなかろうか。

エジプトにもチベットで使用された椀状石と同じようなものが存在していたことを考えると、必ずしもマスウーディーが描写した方法のみが古代エジプトにおいて普及していたわけではなさそうである。音波を利用した方法に匹敵するような、もう少し効率的に振動を与える方法も存在したと思われる。

だが、残念ながら、マスウーディーの描写では、魔法のパピルスの用途を含めて、詳細の説明がない。そのように考えていた頃、ヒントとなるような情報が存在していたことに筆者は気づいたのである。

古代エジプトでは音叉が必需品だった？

1997年12月、フリーエネルギー、重力制御、代替医療等の研究家として知られた故ジェリー・デッカー氏のもとにある男性から興味深い情報が電子メールでもたらされた。差出人の男性は、エジプト学者らによって発見された「音叉」について知っているかとデッカー氏に尋ねてきたのだ。彼によると、考古学者たちはそんな音叉の有用性が分からず、異常なものだとみなし、ただ倉庫で保管してきたとのことだった。

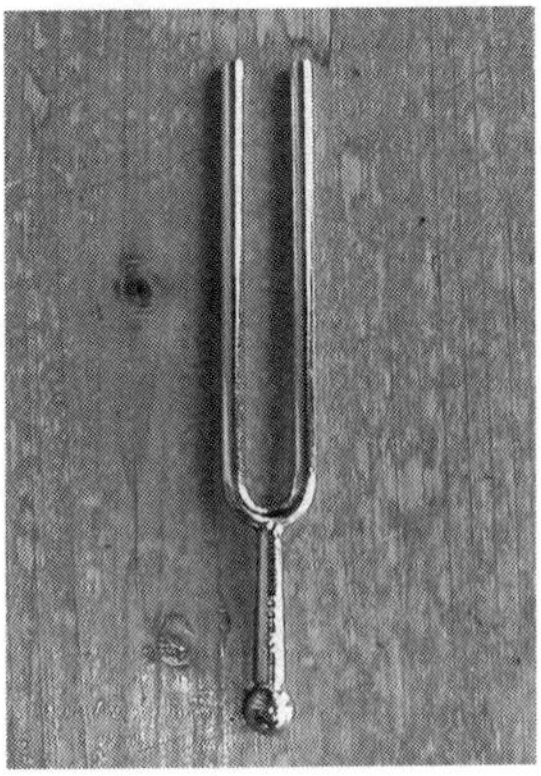

音叉　Photo by Kei Mizumori

読者もご存知のように、音叉とは特定の高さの音を発する二又に分かれた金属製の道具である。先端を叩くと、完全な正弦波である音波、すなわち純音を発生する。その音の周波数は安定していて持続時間も長いため、楽器や音響測定の周波数標準に用いられている。その他、発振回路の信号源やクォーツ時計用の音叉型水晶振動子に、さらに近年では音を利用したヒーリングにも活用されている。

さて、差出人がエジプトに音叉が存在することを知ったのはその数年前のことだった。友人のアメリカ人女性が、エジプトのとある博物館の倉庫のドア鍵をこじ開けてしまい、その際、何百個もの音叉が2・4×3メートルのスペースに保管されていたのを発見してしまったと聞かされた。大きさは、20センチ程度の小さなものから2・7メートルに及ぶ巨大なものまで様々で、形状は「ぱちんこ」に似て音叉の双方の腕にはワイヤー（弦）が張られていた。それぞれの音叉はおそらく鋼鉄製で、熊手の柄のようなハンドルの先にU字型の腕が付いていて、ワイヤーをはじくと長時間振動したという。そして、その話を聞いた差出人は、古代エジプト人はその柄の下に硬いビット（先端工具）を取り付けて、振動させながら石を切断したり、彫刻を施したのではないかと思ったという。

この手紙を受け取ったデッカー氏は興奮した。音叉の腕の先端部を叩くと振動は簡単に柄に伝わるので、音叉を利用すれば、柄の部分を介して極めて効率的に振動を物体に伝えることができる。我々が知る標準的な音叉は硬い鋼鉄でできていて、腕の部分を叩いて使用するが、差出人によると、友人が目撃した音叉の腕には弦が張られていた。だが、デッカー氏にとってそれは頷けることだった。弦をはじけば、振動が柄を介して作業する物体に簡単に伝わっていくはず。適切な振動を利用すれば、物体に及ぶ重力を打ち消す定常波、あるいは特定の干渉パターンを生み出せるのではなかろうかと想像してみたのだ。

右記の情報は極めて刺激的で、筆者に重要な洞察力を与えてくれることになった。とはいえ、張られていた弦をはじくと長時間振動したという報告からすると、比較的最近まで使用されてきた可能性もあり、保存状態を含め、信憑性も気になるところではある。

古代人の工芸品には定常波を視覚化した渦巻き模様が描かれている！

古代エジプト人が音叉を利用していた可能性は十分考えられる。ニューヨークのメトロポリタン美術館には女神イシスと冥界の神アヌビスの彫刻がある。イシスとアヌビスの間にはヒエログリフが刻まれている。Ｐ129右上の拡大写真中央部分を見てみると、まるで二つの音叉に弦が張られたようなヒエログリフがある。左側の音叉に弦が2本、右側の音叉には弦が3本架かっていることから、これは周波数レートが2：3の音程、つまり、音楽理論で言うところのパーフェクト・フィフス（完全五度）を示しているのだと主張する研究者たちもいる。

また、スコットランド北東部にはピクティッシュ・ストーン（ピクト人の石）と呼ばれる石板モニュメントが点在している。パースシャー郡アベルネシに存在するピクティッシュ・ストーンには、興味深いことに巨大な音叉（P129左下写真の右）とハンマー（写真の左）が描かれている。エジプトでの使用法とは異なり、音叉の腕には弦が張られていない。サイズは巨大なものと思われ、先端を叩く目的と思われるが、ハンマーが使われたことが窺われる。これは、今日我々が使用する音叉と同じと思われるが、サイズだけ大きく異なると言えるのかもしれない。

また、音叉の絵の下には定常波の模様が描かれているように思える。かつて、サイマティクスと呼ばれる学問があったが、特定の周波数の音が膜や界面に作り出す形状やパターン（固有振動）について研究された。代表的な研究者として、ドイツの物理学者エルンスト・クラドニ（１７５６－１８２７）やスイスの物理学者ハンス・ジェニー（１９０４－１９７２）らがいる。右隣りの渦巻き模様の写真は、液体表面に形成される定常波を染料で視覚化したものである。このような模様は奇しくもピクト人やケルト人の工芸品に見て取れる。

そして、先ほどのイシスとアヌビスの間のヒエログリフを再びご覧頂きたいのだが、音叉の絵の下には花びらのような模様があり、その下にお皿のようなものが描かれていた。さらに、その上にもお皿のようなものに加え、飛翔するハヤブサと思われる図柄もある。筆者はヒエロ

Photo by Crystalinks

ハンス・ジェニーが液体面に生じる定常波を可視化したもの　Photo by "Cymatics, Volume 1" by Hans Jenny, page 58.

パースシャー郡アベルネシに存在するピクティッシュ・ストーン。右に巨大な音叉、左にそれを叩くハンマーが描かれているグリフに関する知識がない素人ではあるが、偶然にしてもこれらは出来過ぎているようにも感じられる。というのも、それぞれ定常波と椀状石を示しているようにも感じられるのだ。つまり、「音叉を鳴らし、椀状石の上で定常波を生み出し、空中浮揚を得る」という風に解釈できそうなのだが、これは行き過ぎた憶測だろうか？　だが、音叉が重要な鍵を握っているにも関わらず、我々はそれを見落としてきた可能性は高いと思われる。

これから詳述するが、古代に使用されてきた音叉は、現在、我々が使用する音叉とはサイズにおいてまったく異なる。このサイズの違いが盲点を生み出した原因の一つだったように筆者には思えるのだ。

振動を利用して穴を開ける音叉ドリルが存在した！

序章で触れたように、古代エジプトの人々はドリルを用いて極めて精巧に石を加工する技術を持っていた。筆者は、その加工において、アンデスの高地に自生したハラッケーハマのような植物が、古代エジプトでも利用されていた可能性について言及した。だが、ドリルに関して、超音波ドリルとは言わずとも、それに近い技術があった可能性についても言及した。

それは、今お分かり頂けたように、決して人目に触れることなくエジプトの博物館に眠ってきた音叉である。フリーエネルギーの研究家ジェリー・デッカー氏に電子メールを送った男性が推測し、デッカー氏も同意したように、巨石の切断・加工、移動等において、音叉が活用されてきた可能性が浮上するのだ。

今日、コンクリートや硬い岩に穴を開けるのに、電動式の振動ドリルが用いられる。ドリル刃が回転するだけでは硬い物体に穴を開けることはできない。そこで、対象となる物体に向かって回転と同時に一定のリズムで打撃を与えていくことが必要となる。つまり、振動を与えながらドリルを回転させるのだ。

ドイツケムニッツのMax Kohl社製音叉

古代人にとって、回転と振動の両方を同時に利用することは困難だったようにも思えるが、振動を利用して、効率的に岩を割り、切断していくことは可能だったかもしれない。そのように考える研究者たちがいるのだ。振動が利用できれば、工具の先端部分にダイヤモンドは不要で、たがねや鋤（すき）のようなもので事足りたと思われる。例えば、たがねのように先端が尖ったものを取り付ければ岩に穴を開けるか割るなど可能と思われるし、幅広のたがねか鋤のようなものを取り付ければ、ブロック面を整形することもできるかもしれない。

音叉は、二叉に分かれた腕の部分をはじくと柄の部分に振動を伝える。振動によって得られる音は極めて小さいため、柄の先に開放面のある木箱（共鳴箱）が取り付けられることも珍しくない。

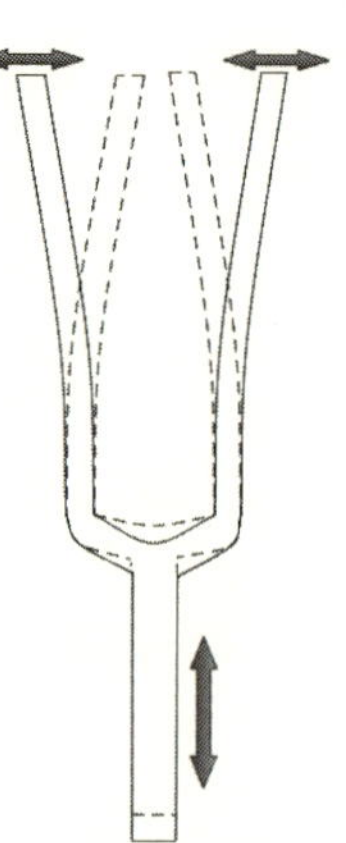

音叉の腕の横方向の揺れが柄の上下方向の揺れに変換される　図：Thomas Minderle, montalk.net

この共鳴箱をドリル・削岩・切断用の刃と交換して、垂直方向に振動が及ぶように音叉を設計すればよい。トマス・マインダール（Thomas Minderle）氏は自身が運営するサイトmontalk.netにおいてそんな考察を披露した。

もちろん、腕の部分の横振動は自ずとU字の底（腕の付け根）を介して上下運動（縦振動）に変換される。つまり、音叉の腕を振動させれば、自ずと柄の部分にもその振動は及ぶ。だが、音叉を削岩ドリルとして使用するには、腕の振動エネルギーが損なわれることなく、柄の部分に伝わることが望ましい。そうすれば、最大限の破壊力が得られることになるからだ。

そこで、音叉の柄（ドリルビット）の共振周波数を、音叉の腕の周波数と一致させるようにする。そのように調整することで、柄の振幅は共振周波数において最大になる。

マインダール氏はそんな条件を満たす音叉の形状を割り出すため、音叉の周波数を表す次の公式を利用した。

$f=\frac{1}{T^2}\sqrt{\frac{AE}{\rho}}$ …(1)

f：周波数（Hz）
T：音叉の腕の長さ（m）
A：音叉の腕の断面積（㎡）
E：音叉素材のヤング率（pascals）
ρ：音叉素材の密度（$\frac{kg}{m^3}$）

また、$f=\frac{v}{2L}$、$v=\sqrt{\frac{E}{\rho}}$＝という公式から、金属ロッドの周波数は次の式で表される。

$f=\frac{1}{2L}\sqrt{\frac{E}{\rho}}$ …(2)

f：周波数（Hz）
E：ロッド素材のヤング率（pascals）
ρ：ロッド素材の密度（$\frac{kg}{m^3}$）
L：ロッドの長さ（m）
v：ロッド素材中での音の伝達速度（$\frac{m}{s}$）

ここで、音叉の腕とロッドが同じ素材でできていて、腕が1辺Wの正方形の断面を有し、これらの周波数が等しくなる場合、次のような式に簡略化される。

$$L=\frac{T^2}{2W}\cdots(3)$$

L：音叉のロッドの長さ（m）
T：音叉の腕の長さ（m）
W：腕の幅（m）

この簡略化された式が、任意のサイズの音叉に対応したロッドの長さを与える。もちろん、音叉の腕が正方形の断面を持ち、腕とロッドが同じ素材でできている場合に限られるが、音叉のロッドの長さ、腕の長さ、そして腕の幅との間の関係を得ることができる。

では、この式を利用して音叉ドリルの形をイメージしてみよう。例えば、腕が30センチで断面の幅が3㎝の場合、共振周波数は1100Hzで、ロッドの長さは1・5メートルとなり、図示すると、次のようになる。

以上はマインダール氏の研究を紹介したものだが、ひょっとするとマスウーディーが描写した金属棒、すなわち、古代エジプト人が巨石を動かす際に手にしていた金属棒とは、このようなものだったのではなかろうか？　少なくとも、我々が音楽で使用する音叉と違って、柄の部分の長い形状が好ましい可能性があると同時に、実際のところ、倉庫内の音叉を目撃した人物は「ぱちんこ」のように柄が長かったことを報告していることは興味深い。

腕と柄の振動数を一致させた音叉の例
図：Thomas Minderle, montalk.net

音叉で重力中心をずらし、重量を軽くできるのか？

断っておきたいが、ここでは、空気中を伝わる音波ではなく、固体中を伝わる音波振動について主に触れている。音が空気中を伝わる速度は約３４０ｍ／ｓではあるが、固体中では、その物体の材質や形状によって異なり、硬い岩石や金属の中では一桁大きい速度で伝わる。

それでは、具体的に音叉が巨石に接触するとどのようになるのだろうか？　マインダール氏の推測によると、振動させた大きな音叉を巨石に接触させると、巨石はその振動に同調して、内部に定常波を生じさせる。その時、定常波は電磁波あるいは重力波に変わるのではないかという。

彼の研究によると、巨石中の縦波（疎密波）の音波は、圧電効果によって縦方向の磁気ベクトルポテンシャル波を生み出すが、それは重力ポテンシャル波と等しい。そして、重力ポテンシャル波が縦波として生じる時、巨石の中央に安定した重力波の節（または腹）が現れ、それが巨石の重量に影響をもたらすという。

正直、右記の描写はさらに精査する必要もあると思われる。のちに筆者がもう少し異なる角度からアプローチすることになるが、マインダール氏は他にも興味深い考察を行っている。

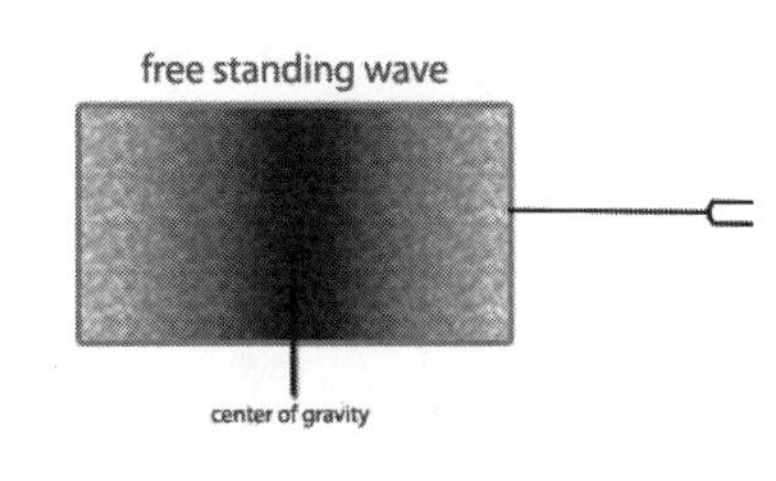

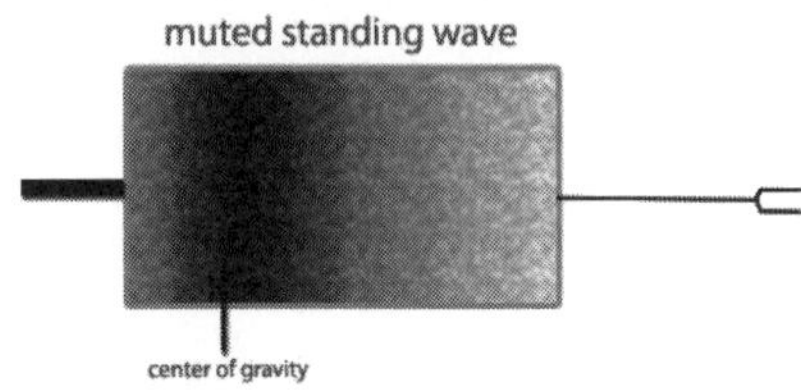

音叉の振動を巨石に伝え、内部で定常波を生成させ、その後、重力中心をずらすことが可能だとトマス・マインダール氏は言う
図：Thomas Minderle, montalk.net

左図のように、縦振動する音叉の柄を巨石の右側に接触させると、既に触れたように、巨石はその振動に同調して内部に定常波を生じさせる。この時点では、巨石の重力中心は、巨石の重心と同じ中央にあるが、マインダール氏の考えでは、重力に変化が生じている。そこで、反対の左側から振動していないものを接触させると、巨石の左側は振動を失い、重量も元の状態（正常）に戻ろうとする。そのため、巨石全体の重力中心は左側にずれることになる。同様にして、重力中心を上の方に移動させて重量を軽減させることもできるとする。このようにして、重力中心を本来の重心からずらすことで巨石の移動を促すことができたのではないかというのだ。

マインダール氏が言うように、重力中心の移動もある程度可能かもしれないが、音叉のように特別な形状でない限り、固体状の塊（物体）はどこかが振動すれば、ほぼ全体が一体となって振動を行う。また、その前段階として、理想的な条件で物体が振動し、物体中に定常波を生み出せていることが求められる。少なくとも、それなくして重量自体が減少することは考えにくい。だが、そもそも特別な設置状況を整えない限りは片側にのみ振動を与えたり、抑えたりすることは難しいはずである。既に触れたように、巨石の底面が地面に密着していては、巨石に振動を伝えることは至難の業である。だからこそ、先に筆者は巨石底部の接触面を小さくすることが不可欠だと指摘したのである。巨石の内部に定常波を発生させ、それを維持することが重要である。それには、特別な設置状況を作り出すことが求められる。これが反重力作用の鍵となりそうだ。

固有振動数の謎

現代の超音波を利用した音波浮揚においては、浮揚させる物体内部の状態は考える必要はなかった。それは小さな軽い物体に限られたからである。小さく軽い物体のもう一つの利点は、その物質を構成する要素・粒子が少なく、外部環境の振動はすぐに奥部まで伝わり、同調・同化しやすいことにもあるように思われる。だが、筆者はそんな物体ではなく、重い巨石について考えている。大きく重い物体は、その物質を構成する要素・粒子の数が多い。そんな巨石に可動性を与えるためには、難しい課題だが、外部からの振動・波動を奥部までロスなく伝えることが不可欠となるのではなかろうか？

歴史家マスウーディーが描写したようなエジプトのケースでは、音波浮揚に利用されるようなトランスデューサと反射板に相当するものは見られず、強いて言えば、舗装路両脇に立てられた金属棒程度であった。既に述べたように、その金属棒（ポール）は静電場を生み出して浮揚力を引き出すと同時に、物体の進路（軌道）を制御する役割を果たしていたのだと思われる。

では、極めてシンプルなやり方のどこに物体浮揚の鍵があるのだろうか？　それは、やはり物体の振動にあるだろう。言い換えれば、物体の内部に定常波を生み出すような振動だと思われ、既に紹介したマインダール氏のアプローチがほぼそのまま参考となる。

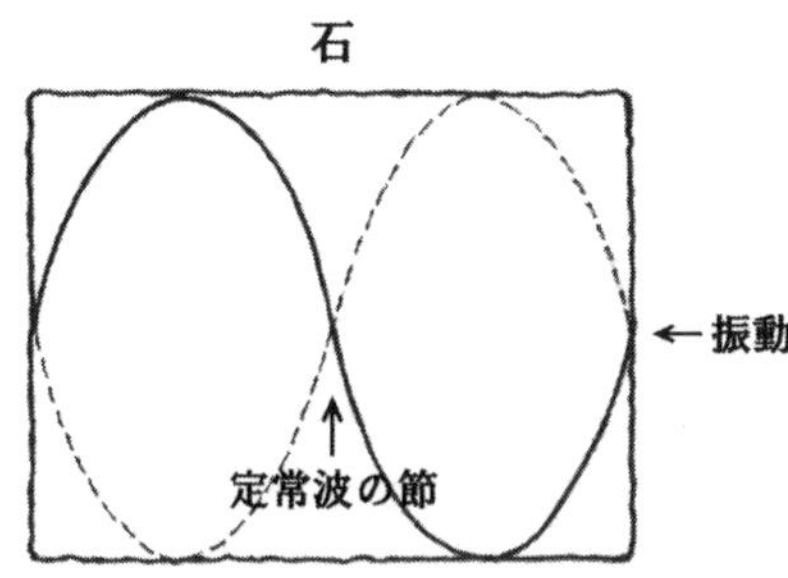

石に振動が波として伝わる様子。実際は縦波（疎密波）だが、分かり易くするため、横波として描いてある

例えば、直方体の石の内部を音が伝わる空洞だとみなす。その石の一側面をハンマーで叩けば、その振動は疎密波（縦波）となって反対面へと到達し、そこで反射してまた戻ってくる。この振動は疎密波が減衰するまで繰り返していく。万物は固有振動数を持っていて、振動が十分続く場合、いくつもの異なる振動数成分が混ざり合いながらも、次第に最も優勢な特定の振動数（固有振動数）に収束していく。尚、物体が球体の場合は、打撃による振動（波動）は中心部に向かう

が、反射して、中心部から外表面へと戻って来る波動と干渉して、定常波を生み出す振動数（固有振動数）に収束していくと思われる。

ハンマーで物体を叩いた時の音も重要である。物体の固有振動数（周波数）は、叩いた時に聞こえた音の高さでも概算されるのだ。分かり易く説明しよう。４４０Hzの音叉を叩けば、叩き方次第で複数の周波数を含めてしまうが、最終的に優勢な４４０Hzの周波数に落ち着く。つまり、４４０Hzの音叉という物体の固有振動数は４４０Hzであると言える。もちろん、それはそのように作られたからである。音叉は、固有振動数を長時間持続させるのに理想的な形をしているのだ。とはいえ、これは音叉の腕に長さがあり、それが揺れることによって生み出される音であり、鉄の塊を叩いた音と比較できるものではない。

直方体の岩石は、音叉と異なり、理想的な形状や素材でできていない。あまり揺れが期待できない物体においては、振動の減衰は早く訪れる。ブランコは漕がないと揺れはなくなる。また、タイミングが合わなければ、揺れを相殺してしまう。漕ぐ行為は、揺れが持続するようにタイミングを合わせて行われる必要がある。

だが、ここで固有振動数に関して整理しておかねばならないだろう。固有振動数の概念はそう簡単ではない。というのも、バネの振動、振り子の揺れ、弦の振動、気柱の振動、物体のしなりなど、周期を伴う振動は様々だからだ。そのため、実のところ、ブランコの揺れの固有振動数と音叉のそれとは比較できない。

固有振動数を考える際、多くの場合、その物体がどのような状態で使用されるのか、明確にせずしてそれを正確に求めることはできない。また、その物体を単体で考えるわけにはいかないケースもある。

例えば、４４０Hzの音叉は、柄の部分で持つという特別な設置状況が前提となっている。音叉を地面に置いて叩いたり、腕の部分を持って柄の部分を叩いたりしても、同じ結果が得られるわけではない。また、ブランコの固有振動数は、それを吊るす鎖やロープの長さ、材質、重量に加え、座板の大きさや重量など、特別な設置状況を考慮して初めて決まってくる。そして、固有振動数は一つではない。つまり、ハンマーで座板を叩いて座板自体が微振動する音の周波数と、大きな振り子の揺れ（周期）としての周波数とでは区別して考えなければならない。座板は独自の振動数で微振動を行うし、振り子としての揺れはまた別の周波数で現れるのだ。

先に気温（水温）の低い時に球形や卵形の石が川底から浮かび上がってくる例について触れた。その際、川底において、川下に向けて石が駆け上がるような曲面が存在していた可能性について言及した。そして、そのリズムが固有振動数に達する際に石が水面付近まで浮かび上がるのだという推論を行った。その固有振動数とは、曲面状の床石の上でブランコのように石が行ったり来たり揺れるサイクルを念頭にしたものであった。

だが、考慮すべきことは、実はそれだけではなかったのである。浮かび上がる前段階として、石は川底の曲面の床石にぶつかって振動を得ている。その振動は、球形の石の内部で疎密波をいくつも波紋のように広げ、その往復運動の中、定常波を生み出す。そんな状況が重なって、可動性が高まり、浮揚力が得られた側面も考えられるのだ。

椀状構造は振動の持続性を高める？

実は、そんな川床の曲面もお椀状に通じる。なぜなら、お椀状の物体は運動を効果的に持続・増幅させる効果を発揮するからである。

この世の中で、長時間振動を続ける物体の一つは音叉であるが、音叉という特別な形状を離れると、丸い形の物体が有利である。例えば、釣鐘、銅鑼（どら）、おりんなどである。これらを相応しいマレットで叩けば、極めて長時間に及んで振動し、音を響

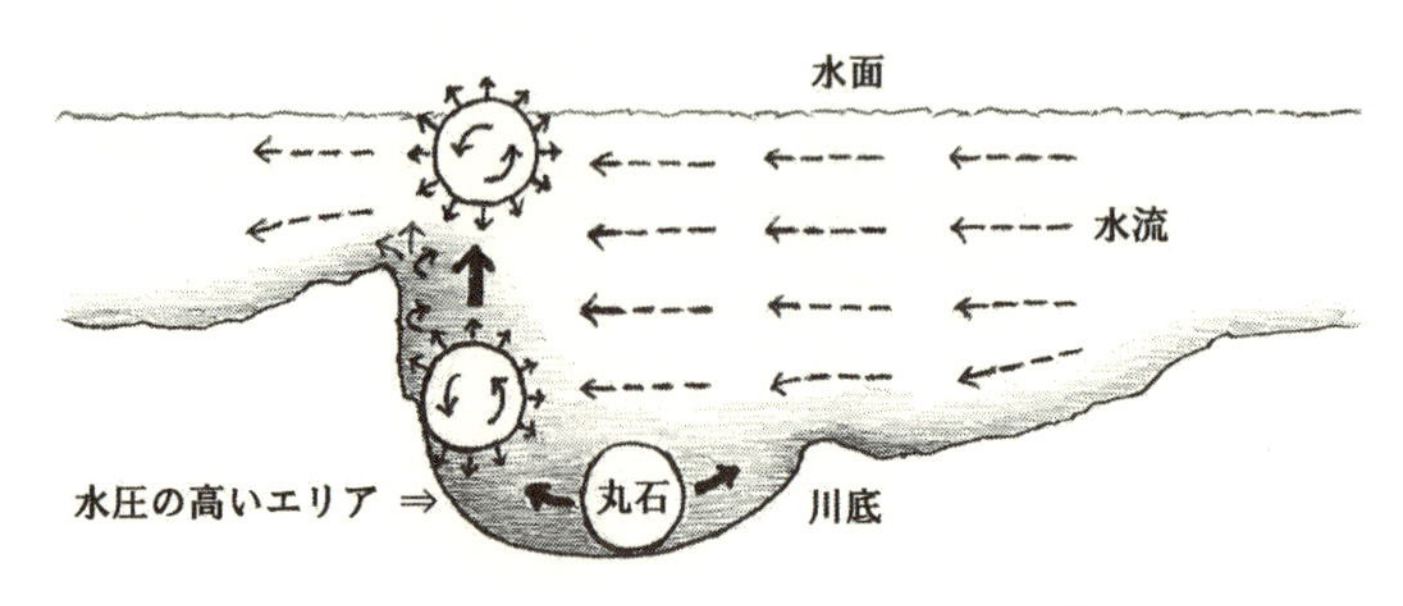

かせる。基本、叩くことで振動が生み出されるが、摩擦振動で生み出される効果も重要である。それは、洗面器のような形状の鍋に取っ手が付いた魚洗鍋に典型的に認められる。

ご存じの読者もおられると思うが、魚洗鍋とは、水を張って取っ手を摩擦すると、水が勢いよく吹き上がる現象を起こす鍋である。魚洗鍋の取っ手を摩擦すると、鍋の中の水の固有振動数と、摩擦による振動周期が一致して共振現象が発生する。それによって、水の振動が定常波となり、重力に逆らって高さ何十センチにも及んで水しぶきを吹き上げるのだ。もう少し分かり易く説明すれば、鍋の縁の振動によって水面に波が生まれる。その波は外周部から中心部に向かって求心的に進むと同時に、中心部から外周部へと遠心的に波が戻るが、摩擦の仕方を調整することで、互いに逆向きの波が干渉して定常波が生み出され、腹（山と谷）における振幅が大きくなるのである。そして、その背景として、鍋には底があり、水が溜められているため、下向き、つまり、水面下の方向には水は動けないことがある。水は上向きに動くしかなく、大きな水しぶきを上げるのである。

椀状石も同様の効果を生み出すのではなかろうか？　そして、水が張られるのではなく、空気自体に振動が与えられるとしたら、どんな効果が得られるのだろうか？

既に触れたように、椀状石に載せられた巨石は、少ない接触面で振動を起こしやすい状態となる。そこで、チベットでは大音量の低音が椀状石上の巨石に向けられたと考えられるが、ひとたび巨石が振動を始めれば、椀状石も連動して振動を起こす。魚洗鍋のように、厚みが一定の金属素材が使用されていなくても、載せられる石の振動によってそれは起こる。そして、椀状石の凹部を占める空気も振動と圧力で激しく揺すぶられることになる。椀状石の底部は大地にしっかりと支えられているものの、載せられた巨石は椀状石に蓋をしたような状態にある。ここで、椀状石と蓋となる巨石の接触面にはいくらか隙間があると思われ、密閉された状態とは異なるだろうが、椀状石と内部の空気の振動によって、蓋を持ち上げるほどの効果は得られなくとも、振動を持続・強化させようとする相乗効果は促されるのではなかろうか？　少なくとも、ただ不安定な台座を定常波の節に合わせる以上の効果を生み出すと思われる。

実際のところ、これ自体の効果は微弱と言えるかもしれない。だが、求められる振動は、振幅が1ミリにも満たない程度の微振動で十分だと筆者は考える。そして、チベットでの石飛ばしを例に挙げれば、大音量の重低音が生み出す空気圧、接触面の小さい台座、振動を継続・増幅させ得る魚洗鍋効果など、少なくとも三重もの工夫がなされていたことは注目に値する。

そして、それはエジプトにおいても同様だったと思われる。

というのも、マスウーディーが描写したケースにおいても、金属棒による打撃で巨石を十分に振動させられない場合、音叉を兼ねたその金属棒の柄を接触させることで、振動を強制的に付加・維持した可能性が考えられるからである。舗装路脇の金属棒(ポール)による静電場の中、金属棒で振動を与え、巨石の内部で定常波を発生させて、魔法のパピルスの助けで空中に浮揚してきたところで、今度は運搬目的で、振動が減衰しないように一突きで再び巨石に打撃を与えたのではなかろうか？

いや、マスウーディーが描写したようなケースは稀で、もっと効率的な方法がエジプトでは採用されていたと思われる。先述のように、エジプトに現存する椀状石には奇しくも片側に三つの穴が開けられていた。数が三つである理由は不明だが、三つの穴はパイプ状ドリルで極めて正確に開けられ、重要な意味があると思われる。

椀状石には奇しくも三つの穴が開けられている

古代エジプト人はこれらの穴に音叉の柄を挿入したのだと筆者は考える。音叉を振動させることで、椀状石は振動し、その上に載せられた巨石にも小さい接触面を通じて振動が伝わるのである（音叉の柄を奥まで通せば、載せた石の底面に直接接触させられた可能性もあれば、石の底面で、三角形を形成するように、柄の先端部が均等に配置された可能性もあるかもしれない）。

椀状石と魔法のパピルスとの接点は？

椀状石を音叉で振動させることは、載せられた巨石を連動して振動させることを意味し、その巨石の可動性を高めることになる。これは極めて重要である。

既に触れたように、椀状石は、石英、花崗岩、石灰岩などの圧電効果を有する特別な岩石である。巨石からの大きな圧力を椀状石の円環部で受けると、その部分には電荷が発生する。圧電効果を利用したライターの摩擦部でも火花を生み出す際に数千から1万ボルトもの電圧が発生すると言われる。そう考えると、トン単位の巨石が椀状石の上で振動すればするほど、電荷は顕著に現れるはずである。

通常、圧電効果による電荷の発生は圧力が加わった瞬間で終わる。だが、椀状石が微振動を促されると、巧妙にも高電圧の発生も持続することになる。ここに何か重要な意味が隠されているに違いない。

巨石の重量を減らしたり、持ち上げたりする力を生み出す効果が秘められているのだろうか？　この点についてはのちにあらためて考察する。

一方、マスウーディーが描写したケースにおいては、魔法のパピルス、あるいはマスウーディーが記録しなかった何かに秘密があると考えられるが、その詳細が不明である限りは謎のままである。

因みに、当初筆者が思いついた魔法のパピルスの用途は、①紙のようなものではなく、硬いプレートのような物体で、台座として巨石に振動を促すと同時に減衰を防ぐ役割を果たした(椀状石と同じ)、②巨石を舗装路の石と接触しないように、いわば絶縁目的で利用された、③酸のような液体を染み込ませて、巨石を覆ってコンデンサか蓄電池のように電荷を蓄えた、④(椀状石が石畳にはめ込まれていたと仮定した場合だが)魚洗鍋効果を促すために、椀状石の円環部と巨石の間に生じる隙間を埋めるために挟み込んだことなどである。

だが、フリーエネルギーの研究家ジェリー・デッカー氏は、古代エジプトに関する古い書物を読んで、マスウーディーによる描写と似ていたが、若干異なる情報を得たという。デッカー氏によると、魔法のパピルスは石の角に敷いたのではなく、四辺を覆っており、パピルスは濡れていたという。そして、金属棒ではなく、彫刻が施された木の棒が利用されて、パピルスで覆われていない石の一面が突かれた。棒を持っていた間、振動は次第に増してゆき、振幅は大きくなった。それから、パピルスで覆われていない面を再び棒で突いて、石を飛ばしたというのだ。

この情報源となる書物に関して筆者はデッカー氏に問い合わせたのだが、もはや分からないとのことだった。そのため、正しい情報なのかどうかは分からない。だが、もしマスウーディーの情報よりも正確だとしたら、筆者が3番目に思いついたこと、すなわち、そのパピルスは、酸で浸されてコンデンサや蓄電池のように電気エネルギーを蓄積させる効果を生み出していた可能性も無視できなくなる。

実のところ、石にはある種のエネルギーを貯め込む性質があり、それをさらに引き出すようなことが行われていたとしても不思議ではない。

マスウーディーの描写では、石を金属棒で突いたのは1回だったが、筆者は2回必要だったと考えた。そして、それを支持するかのように、デッカー氏の情報により、2回だった可能性が浮上した。やはり、最初の1回目では、振動を促して浮揚させ（舗装路両脇の金属棒による静電場効果と魔法のパピルス効果と合わせて）、2回目では、前方への移動を促したのだと考えるのが妥当だろう。

振動している物体は、触れてしまえばその振動を減衰させて、落下してしまうと思われる。そのため、チベットのラマ僧が物体に触れることなく音波で軌道も制御したレベルとまではいかなくとも、エジプトにおいては、振動の減衰を最小限に留めるために、浮揚後は一度のみ突くという行為で水平飛行距離約45メートルを確保したのではなかろうか（棒は金属製でも木製でも構わないと思われる）。

とはいえ、エジプトでの方法を再現することが筆者の目的ではない。マスウーディーによる巨石浮揚の描写はあまりにもシンプルなものだった。想像力を働かせようにも、情報量が少なすぎる。もちろん、他の方法でも構わない。さらなる事例も参考にしながら考察を深め、空中浮揚の基本を整理してみる必要があるだろう。

第三章

現代人が見落としてきた共振周波数／これがわかればすべての謎が解ける

固有振動数を見つけ出すことは容易ではない？

岩石の固有振動数は、形、大きさ、材質等で異なる。特に、岩石内部で振動が伝わる速度はその材質に依存する。そのため、固有振動数も伝播速度に影響を受けることになる。例えば、鋼鉄では5000m／s程度であるが、風化岩では1000〜2000m／s、土砂では100m／s以下と言われる。つまり、その物質が硬く緻密なものほど伝播速度は速いことになる。

さて、本書で検討すべきものは、巨石遺構で多用される岩石となり、例えば、赤色花崗岩（赤御影石）の内部を伝わる波の速度は約4500m／s、石灰岩では約3000m／sとされる。

先にマインダール氏の仮説として紹介したが、固有振動数1100Hzの音叉で、柄の先端部分が最大の振幅を得るように考慮されたものの一つは、柄が1・5メートル、腕が30センチというものだった。この際に登場した公式として、$f=\frac{v}{2L}$、すなわち、固有振動数＝伝播速度÷（幅×2）というものがあった。

具体的に考えてみよう。例えば、1辺1メートルの岩石の一側面をハンマーで叩く。するとその振動は岩石の内部を伝わり、反対側の面にぶつかって、そこで折り返して戻ってくる。振動が1往復するのに要する時間（周期）は、2メートルを伝播速度で割ったものである。そして、その時間（周期）を逆数としたものが振動数である。そのため、この式は岩石の固有振動数の計算に適用できるように感じられる。

マインダール氏はこの式で岩石の固有振動数を概算できると考え、実際に計算を行ってみた。その結果、例えば、幅4・8メートルの赤色花崗岩で共振を起こすには469Hz、バールベック（レバノン）の最大の巨石21・5メートルの赤色花崗岩では105Hz、エジプトの大ピラミッドに典型的な幅2・2メートルの石灰岩では682Hzで共振を起こすという。

だが、これは、打診法、すなわち、ハンマーで物体を叩いて発する音の周波数を固有振動数とみなす方法とは必ずしも数値的に近似されるわけではなさそうである。例えば、筆者の自宅の庭に転がる数十グラムの小石の固有振動数は、打診法では4000～5000Hz程度のものが多くを占める。だが、石の大きさ（幅）と伝播速度から計算すると、小石の固有振動数は数万Hzにも及ぶことがあった。そうなると、誤差と呼べるレベルではなくなってしまう（1辺0・5メートル程度の岩石を使えば近似される傾向は現れ、ある程度のサイズが必要となるのかもしれない）。

理屈として考えれば、前者の計算式で、感覚的に考えれば、後者の打診法で固有振動数が概

バールベックの巨石
Photo by Oregon State University Archives

算されそうで、残念ながら明確なことは言えない。

とはいえ、シンプルな形状を前提とすれば、概して、大きく、軟らかい物体ほど固有振動数は低く、小さく、硬く、緻密な物体ほど固有振動数は高いことは確かだと思われる。そして、巨石に働きかける周波数は、奇しくも人間が利用する楽器や声の周波数帯に収まっているとともに、人間が作りうる音叉が奏でる周波数帯にも収まっていると考えられる。

固有振動数を割り出すには、現代では高価な機械が存在するが、その多くは人工的な構造物を対象とするようで、現実には、物体の大きさ、形状、材質（硬度）などから、探りを入れていく必要がありそうである。

石が反応する特別な周波数がある

筆者は子供の頃から工作を趣味としていたため、大工道具を使用する機会が多かった。最近でも、自宅のリフォームや補修作業で大工道具は欠かせない。

そんな作業において、時折、材木の節の部分や硬い材木に長い釘や強度が不十分な釘を金槌で打ち込む際、釘を曲げてしまうことがある。ドリルで下穴を開けてから打ち込むべきところ、横着をした結果である。だが、たまに打ち込み方を工夫することで、うまくいくことがある。

どうするのかと言えば、まず、手と腕の力を抜いて叩く力を弱める。そして、独自のストロークで叩くのではなく、金槌が自然に落下する勢いに合わせて叩くようにする。さらに、叩くテンポを緩めて、1秒間に1回程度として、そのテンポを守って根気よく、決して強い力を入れることなく叩き続けるのである。すると、うまくいかない場合もあるものの、ゆっくり少しずつ釘は刺さっていくのである。そして、何分もかけて、ようやく半分ぐらい釘が入ったところで、そろそろ大丈夫だろうと思って、やや強めに叩いてしまうと、すぐに釘を曲げてしまう。そんな時、釘抜きで抜こうとしても、あまりにも固く刺さっているため、もはや抜くことすらできない。

このようなことは、木材に限らず、石材でも同様で、1秒間に1回のペース、すなわち、1Hz前後で起こりやすい。

例えば、何キロもある石を床の上に置く。横から手で押して動かそうとすると、かなりの力を要する。だが、同じように木槌かゴム槌で1Hz前後のペースで軽く叩き続けると、ゆっくりとしたペースではあるが、重い石は動いていく。これは、先に触れたように、振動物体が横滑りする現象と同じであるが、周波数帯は大きく異なる。

一方、超音波に相当する2万Hz程度で石に微振動を与えれば、わずかな力で石に穴を開けることができる。既に触れたように、これは、無人探査機が最小限の消費電力で惑星表面の岩石サンプルからその組成・成分を調べる際に利用されつつある技術である。多くの石は、1Hz前後だけでなく、超音波に相当する周波数帯域の振動に反応する。

反応するというのは、この場合、もろさを示すとも言えようが、それは、強制的な外力によって言うことを聞いてもらうといったニュアンスではない。物体を効果的に振動させるには、むしろ、優しく接する必要がある。いわば、物体という相手が心を開く時に（自律的に振動し）、それは空中浮揚に結び付くのかもしれない。すなわち、物体という相手が、最小限の負担でこちらの要望に応えてくれる周波数に働きかけることが重要だと言える。少なくとも、古代の人々はそのように認識して、特別な周波数を尊重していたのだと筆者は考えている。

先に、古代エジプトでは音叉ドリルが利用されていた可能性について言及したが、読者の中には、その効果をあまり期待できそうにないと感じられた方もいたかもしれない。だが、筆者の実験においては、周波数が1Hz前後や超音波帯域だけでなく、2桁台、3桁台の帯域においても石が反応するところがある（現時点では、石の種類や大きさなど、十分な数で比較検証ができていないため、具体的な数値を出すのは控えておく）。そのため、石が反応しやすい特定の周波数に合わせて音叉ドリルを使用すれば、石を効率的に削っていくことは決して不可能ではないと筆者は考える。

また、超音波を利用して半波長以下の小物体を音波浮揚できても、低周波によって半波長以下の大物体を音波浮揚できない理由は、単に空気圧と重量の関係（密度差）だけではなく、物体の振動（物体内部での波動の往来）を外部環境と同レベル以上に高められるかどうか、すなわち、同化させられるかどうかに関わっているのだろう。物体が大きく重くなれば、その物体を構成する粒子の集まる規模が大きくなり、奥の奥まで波動（振動）を行き渡らせることは難しくなる。そのために、特別な設置状況に物体を置き、特別な周波数での振動を与えることが不可欠になってくる。

物体には固有の共振のし易さ（固有振動数）があるが、それは決して一つではない。もし、縦軸に共振のし易さ、横軸に周波数をとったグラフを作れば、低い水平線から離れて、グラフが盛り上がる帯域がいくつか現れるようなものである。

古代の賢人たちは、超音波のような高い周波数帯ではなく、もっと低い周波数帯においても石が反応するポイントが存在することを知っていて、それをうまく利用していたようである。

エリコの壁は角笛で崩れた！

ここで、旧約聖書（ヘブライ語聖書）に書かれたエリコの壁の逸話を紹介しよう。

モーセの後継者ヨシュアはエリコの街を占領しようとしたが、エリコの人々は城門を固く閉ざし、誰も出入りすることができなかった。しかし、主の言葉に従い、イスラエルの民が契約の箱を担いで7日間城壁の周りを回り、角笛を吹くと、その巨大なエリコの城壁が崩れた（『ヨシュア記』6章）という。

その時、主がヨシュアに告げた言葉は以下である。

「見よ、わたしはエリコと、その王および大勇士を、あなたの手にわたしている。あなたがた、いくさびとはみな、町を巡って、町の周囲を一度回らなければならない。六日の間そのようにしなければならない。七人の祭司たちは、おのおの雄羊の角のラッパを携えて、箱に先立たなければならない。そして七日目には七度町を巡り、祭司たちはラッパを吹き鳴らさねばならない。そして祭司たちが雄羊の角のラッパを長く吹き鳴らし、そのラッパの音(ね)が、あなたがたに聞える時、民はみな大声に呼ばわり、叫ばなければならない。そうすれば、町の周囲の石がきは、くずれ落ち、民はみなただちに進んで、攻め上ることができる」。

ヨシュアは6日間、7人の祭司たちに絶えずラッパを吹いて町の周囲を一度回らせ、7日目には、同様に7人の祭司たちは7回町を回り、7周目に民に大声で叫ばせている。これは、奇しくもチベット僧のケースと似ており、終盤にかけて楽器と声を合わせて次第に音量（音圧）を上げていることが分かる。

現代の雄羊の角笛は、長さ36センチほどの中空の角を加熱してまっすぐに伸ばされているが、当時のものは、曲がったままで、チベットの長いラッパとまではいかなくとも、比較的低音域が発せられたものと思われる。

エリコの占領。フラウィウス・ヨセフス著『ユダヤ古代誌』、ジャン・フーケによる挿絵（1470-1475年頃）

そして、指一本で重い釣鐘を動かす際に辛抱強く同じサイクルで力を加え続けるように、1日1回のペースで石のブロックで構成された城壁に音波を響かせ、発生する振動を日々効果的に増幅させていたのだろうか？　城壁の揺れを増幅させることができれば、地震の際にビルが揺れるように、城壁の石組みは崩されることになるからである。

角笛で発せられた音波が城壁を構成する個々の石のブロックの固有振動数に働きかけていた可能性もあろうが、もっとスケールの大きな共振現象を狙っていた可能性もあるのかもしれない。城壁は、石のブロックで構成され、輪を形成するように街の周囲を囲んでいたと考えられる。ここで、その輪をループアンテナ、角笛の発する音を電波とみなしてみよう。もし受信できれば、アンテナ（城壁）は共振現象を起こし、崩れることになる。

ループアンテナ　Photo by Kei Mizumori

いや、もっと違ったアプローチが必要かもしれない。例えば、角笛を吹きながら歩いて1周するのに2時間要するサイズの街だとすれば、城壁に与えられた音波振動はさらに2時間で1周、4時間で2周、6時間で3周といった具合に余韻として駆け巡り、いずれ収束する。このように駆け巡る振動は、スポーツの試合会場で観客が行うウェーブのイメージに近い。これを毎日同じ時刻に同じスピードで歩いて行うことで、石と石の間に隙間を作り出すようになり、余韻として駆け巡る振動が日々増幅され、最後の7日目には城壁が激しく揺れ続け、ドミノ倒しのように崩壊に繋がるということがあったのかもしれない。

旧約聖書における記述では詳細が分からず、その真偽も確かめようがないが、現実の出来事が描写された可能性は十分ありえるのではなかろうか？

ところで、ヨシュアにこんな知恵を授けた「主」とはいったい何者なのかという問題はあるのだが、「主」は当時の人々が利用できた方法の中から、効果的に城壁を崩す術を教えたのだと言えるのかもしれない。

振動に適した形は丸、素材は貴金属

振動は物体の可動性を高め、空中浮揚にすら貢献する。振動は長時間継続することが望ましいが、それは物体の形や素材に大きく依存する。

既に触れたように、叩いてよく振動するものに、釣鐘、銅鑼（どら）、おりん、音叉などがある。音叉は特別な形をしているが、それを除けば、形は丸く、お椀状の物体が有利で、よく響く。

また、素材に関していえば、クリスタルボウルのように、石でもよく響くものがあるが、基本的には、均質な金属の方が有利である。中でも金に代表される貴金属は優れている。

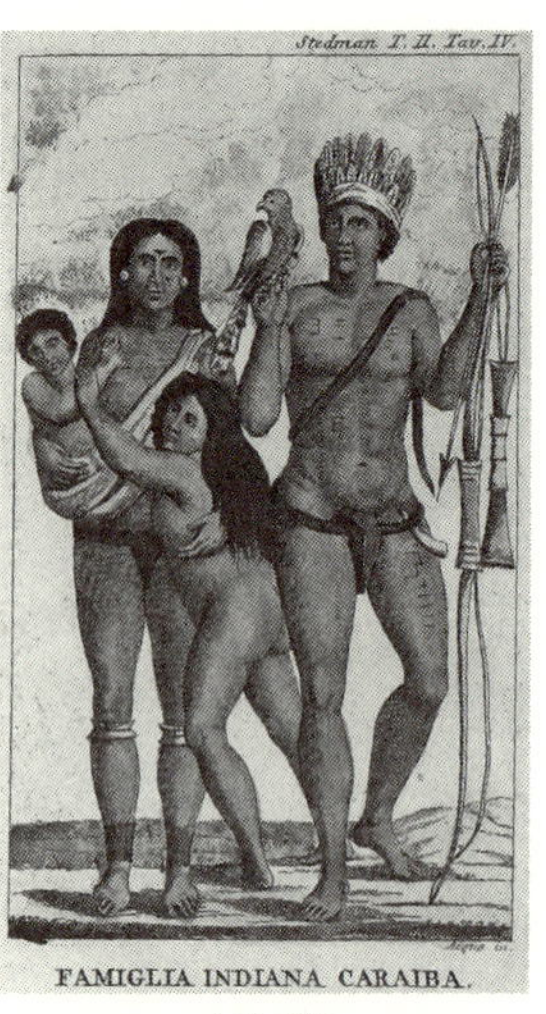

カリブ族

例えば、銅・亜鉛・ニッケルの合金でできたフルートと、金、銀、プラチナが使用されたフルートでは、奏でる音が違う。高価な貴金属を使用したフルートの方が良い音を出すというわけではないが、材質の違いは音色に反映する。

その違いの一つは、減衰率に関わっている。概して、貴金属の方が減衰率が低く、長時間振動を継続しやすいのである。これは、電気的な信号や振動といった情報をロスなく伝えることに関係してくる。

南米のカリブ族の伝説では、「大昔、人々は階段を昇り降りしなかった」、「彼らはプレートを叩き、歌を作り、自分たちがどこに行きたいかを歌った。そうして、彼らは（飛んで）行った」、「誰もが嵐で舞う木の葉のように空中でダンスすることができた。すべてがとても軽かった」という。

この話はアイルランドのゴールウェイの民間伝承においてもほぼ同一で、「古代、誰もが秋風で散る木の葉のように空中でダンスをした。人々はプレートへの歌を作った」という。

さらに、西インド諸島のセントビンセント島では、「古代の賢者はいとも簡単に飛ぶことができた。彼らは翼を持っていなかった。彼らは金のプレート上で手を叩き、その上で音楽を作って飛んだ」という。

これらのプレートは、形状は不明ではあるが、金が利用されたものと考えられる。そして、まさに「振動」と「音波」の組み合わせで空中浮揚したことを説明するものである。

先に筆者はジョン・キーリーが行ったデモンストレーションについて紹介したが、その中で、高周波を伝えるワイヤーに金、プラチナ、銀、銅が使用されていたことに触れた。そんな高価な金属が使用されたことに疑問を抱いた読者もおられたかもしれないが、これには、電気的な信号や振動を最大限に伝えるべく、ロスを省く意図があったと言えるだろう。

ある意味では、椀状石との接触面をギリギリまで減らして、巨石に振動を起こしやすくする発想に近い。この物質世界において、この事実は非常に重要である。イワノフ博士が発見したスパイダー効果のような波動干渉を空中浮揚に結び付ける難しさもここにあり、そのために古代の賢人たちは様々な工夫を積み重ねて空中浮揚を行ってきたのだと筆者は考えている。

楽譜上の音符や周波数という数字さえあれば、楽曲は再現可能ではあるが、物体の奥にまで染み渡る音色、すなわち、結合粒子の隅々にまで及び得る振動の質までは伝えられないのである。この点、古代の人々は我々現代人よりも聴き分ける力は優れていた、いや、我々現代人がその力を退化させてしまったのかもしれない。そして、「音楽が原子またはエーテルと共鳴しえることを発見した」とするジョン・キーリーの発見を理解できなくなるほど細かいことは気にしない人間になってしまったのだろう（キーリーによれば、音叉が発する純音は決して正弦波ではないという。これも盲点の一つだったと言えるのかもしれない）。

古代人にとっては重いモノを動かす方が楽だった？

序章で高度な技術を要する石の工芸品について触れたが、古代エジプト人の石に対するこだわりは相当なものがあった。それはなぜなのだろうか？　この問いは繰り返される。宝石や水晶に代表される美しい結晶を含むことがその理由の一つとして考えられようが、石英（水晶）、花崗岩、石灰岩などに秘められた圧電効果、共振による増幅作用、そして、のちに触れるが、石は常磁性あるいは反磁性という性質を示し、音に反応して浮揚しうるという神秘的な側面に彼らは強く魅了されたのではないだろうか？

また、古代人はなぜ巨石、すなわち、サイズの大きな石にこだわったのだろうか？

今から数千年前、超音波の技術は存在しなかったと考えられている。たとえ存在していたとしても、実用的なサイズの物体を持ち上げることはできなかった。今日の我々の最新技術のように、せいぜい1センチ程度の物体を空中浮揚させるだけでは満足できなかったはずだ。実用的なサイズの石を空中浮揚させるためには、それに見合った波動・振動を与えなければならない。

筆者の考察では、巨石の浮揚に椀状石が重要な役割を果たしていた。椀状石は圧電効果を利用した浮揚力発生装置＝ジャンプ台と思われる。だが、この圧電効果を生み出すには大きな圧力が必要である。小さな石や軽い石では圧電効果は期待できない。そのため、椀状石の円環部の面積（接触面）と載せる石の重量との関係が重要となる。ただ、その検証はそう簡単ではない。現代社会において、巨大な石英を入手することは困難なことである。また、天然水晶にはムラがあるだけでなく、水晶振動子のように、切断する角度によってその圧電効果が異なる。たくさんの石英を入手し、試行錯誤の中、調べていかねばならないことが容易に推察されるのだ。

次に、巨石に働きかける音源に目を向けることにしよう。古代の音源といえば、角笛、ほら貝、太鼓、各種弦楽器、そしてヒトの声などが思い浮かぶ。女性の声は時に高域に及ぶものの、天然の素材で作られた多くの楽器は、概して中低域をカバーする。低い音の方が空気圧による振動が大きく、遠くまで音を伝える性質もあり、実用的な面も兼ねて、古代の人々は現代人よりも低音域に親しんでいたと思われる。また、単純に高い音を発することは難しかったとも想像される。

既に触れたように、物体の固有振動数は材質に大きく依存するものの、サイズが大きい場合、特別な設置条件に基づいた固有振動数は、比較的低くなると思われる。材質、形状が同じであれば、低い周波数を発する音叉の方がサイズが大きいことからも想像がつくだろう。当時、入手可能だった音源（楽器）という観点で見れば、重い物体に働きかけることの方が圧倒的に楽であったと考えられる。

チベットでは楽器が使用されたことが分かっているが、古代エジプトやケルトの人々は、楽器も使用していたとは思うが、音叉を利用していた。大きな石に働きかけるには、低い音を発する大きな音叉が求められたと思われる。そして、石の形、サイズ、材質に合わせて、様々な大きさの音叉が必要となる。古代エジプト人は、音叉の腕に弦を張っていた。楽器を考えてみれば、弦の張力が大きいほど音が高くなる。また、弦が太く、長いほど音は低くなる。そのため、一つの音叉で様々な高さの音、つまり、柄の部分では幅広い周波数の振動を発することができた。そんな音叉が、実際のところ、サイズにして20センチから2・7メートルに及ぶ範囲で、大量に博物館の倉庫に眠っていたのである。

音楽家は、音を聞いただけでおおよその周波数は分かり、耳で実際にチューニングを行って楽器を使いこなす。音にこだわっていた古代人が、同様の能力を備えていたことは想像に難くなく、むしろ、現代人よりも繊細な感覚を持っていたのではないかとすら思える。

また、我々が利用するような建築ブロックやレンガのようなサイズの石では、わざわざ空中浮揚の技術を使うまでもないことだろう。さらに、そのようなサイズの石を使っては、丈夫な巨大構造物を建てることは困難である。体の大きな動物は大きな骨格を必要とするように、大きな構造物を作るためには、そのパーツも大きなものを使わねばならないからである。

石には神秘的な魅力があるものの、ひとたび空中浮揚の技術を使いこなせるようになると、巨石を利用する方が仕事の効率が高まり、出来上がった構造物の耐久性もはるかに優れることが理解されるようになったのだと思われる。つまり、彼らにとっては、その方が楽だったと考えられるのだ。また、石を利用すれば、命ある木を切り倒す必要性もなかったことも無視できないだろう。

あのコーラル・キャッスルでも音叉技術が利用されていた？

ところで、近代に巨石浮揚のノウハウを知っていたのではないかとささやかれてきた人物が他にもいる。それは20世紀初頭にラトビアからアメリカに移住したエドワード・リーズカルニン（１８８７－１９５１）だ。彼はフロリダ南部の海岸部に住み着き、近所から採ってきた珊瑚岩を材料にして大規模な庭園を造った。一般にコーラル・キャッスル（珊瑚の城）と呼ばれ、現在では観光名所となっているので、ご存じの方も多いだろう。

コーラル・キャッスルが造られた目的は、結婚式前夜に婚約を破棄した恋人が戻ってくるのを待ち望み、リーズカルニンが二人の生活の場として造り上げたものだとされる。

リーズカルニンは30トンほどの巨石を含め、大量の石材をたった一人で敷地内へ運び込んだ。そして、日時計や天体観測用と思われるオブジェや塔、さらにテーブルや椅子などの家具類を作り上げた。彼が集めた石の総量は１１００トンにも及んだ。

だが、奇しくもリーズカルニンは秘密主義を貫いた。最初に敷地の周囲に高さ２・４メートルほどの珊瑚岩の壁を巡らせ、中で行われる作業が周りから見えないようにした。そして、作業は人目を忍んで夜間に行われたという。また、誰かが覗き見ようとすると、すぐにそれを察して作業を止めてしまった。引っ越しの際には、トラックの運転手に視線をそらすように頼み、その間に石の揚げ降ろしを行ったという。それは、ごく短時間で行われ、通常の方法ではなかったと考えられている。そして、残念ながら、彼は生涯その謎を明かすことなく64歳で他界した。

リーズカルニンは身長１５０センチで、体重は45キロほどの小柄な男だった。いったいどのようにして彼は巨石を運んだのだろうか？　彼は廃材と鉄くずを利用して道具を作ったという。実際のところ、三又やチェーンホイストが利用され、コロで巨石を運ぶことも行っていた。そ

コーラル・キャッスル　Photo by Christina Rutz

コーラル・キャッスル。テーブルと椅子　Photo by Christina Rutz

コーラル・キャッスル。30トンの巨石　Photo by Christina Rutz

のため、まったく特別なことは行っていないと考える研究者が多くを占める。だが、筆者からすると、古代エジプトでの状況と似て、ローテクとハイテクの双方を利用していた可能性がある。そう思わせる理由の一つとして、運良く作業中のリーズカルニンを目撃した人々による興味深いエピソードがある。

例えば、ある者は石が独りでに動き出したのを見たと言った。また、ある若者の一団は、珊瑚岩が水素ガスのバルーンのように空中に浮揚していたのを見たと主張したのだ。これらの目撃談は荒唐無稽だとして今日まで無視されてきている。だが、そこにこそ真実が隠されているのではなかろうか?

古代人は石に歌いかけて空中浮揚を促していた⁉

実際問題、どのようにして大量の巨石を運び、組み上げたのかを問われたリーズカルニンは、決して詳細は明かさなかったものの、「インカ人や古代エジプトのピラミッド建造者が知っていた石細工とテコの秘密を再発見した」と述べている。これは、まさに本書のテーマと重なるものである。彼は磁気と電気に関して独自の理論を構築し、それを利用してきたと思わせるような著作も残している。そして、永久磁石と回転運動を取り入れた永久機関装置を作り出しているが、音波を利用したと考えられるような形跡はあまり見受けられない。

だが、様々な噂が囁かれた中、一つ興味深い目撃談があった。それは、近所の住民によるものだが、リーズカルニンは石に両手を付けて歌いかけていたというものである。それによって、石の重量を軽くできたというのだ。

彼は一定の間隔で石を揺らしながら、声の周波数帯の音波を浴びせていたのだろうか？

第一章で紹介したように、石は歌いかけることで反応したとする言い伝えは世界中に数多く存在している。リーズカルニンも、古代の石にまつわる秘密、つまり、石の特性を知っていたのだと筆者は考える。のちに触れる「磁気」に対する彼の探求心は並々ならぬものがあり、今でも多くの研究者らが彼の残した機械と資料を元に研究を続けている。空中浮揚の研究を進め、本書を書き進めた今、やはりリーズカルニンは分かっていたのだと筆者は感じる。

ところで、もう一つ興味深い事実がある。リーズカルニンの貴重な写真が残されているのだ。作業現場で撮影されたものと思われるが、奇しくも彼の横には音叉状の道具が写っているのだ。しかも、エジプトの博物館の倉庫で眠っていたものと同様に、腕の部分に弦が張られた巨大な「ぱちんこ」のような音叉が！

鋼鉄製ではなく、天然の木材を利用したものではあるが、形状はまったく音叉であり、弦を振動させることで柄の先端に振動を伝えて、まさに背後の岩を音叉ドリルとして削っていたの

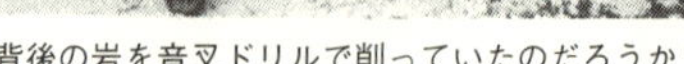

背後の岩を音叉ドリルで削っていたのだろうか？

だろうか？　柄の部分の下部には丸い穴があけられており、柄の先に何かが取り付けられていたことは明らかだ。たがねのような刃が取り付けられたか、何か金属が付けられ、それで運搬用の巨石に振動を与えていたのかもしれない。

すべてを完全に手動で行い、シャフトのようなパイプやワイヤーは音叉が倒れないように補助的な役目を果たしていたと考えるよりも、電気を使った機械仕掛けによって振動数を調整して、優しい振動と衝撃が利用されていたのではあるまいか？

空中浮揚に関わる波動干渉、密度差、磁気力、そして……

そもそも物体が宙に浮くためには、どんなことが求められるのだろうか？　これまで触れてきた例は忘れ、頭の中を整理して、方向性を定めていく必要があるだろう。それが結論への早道となる。

一、外部から直接的な力が加わって物体が飛び上がる

これは最もシンプルなケースである。石を手に持って空に投げ上げるような例が挙げられる。だが、様々な伝承から想像がつくように、巨石が投げ上げられては、落下するプロセスで運ばれたとするような描写はない。むしろ、ゆっくりと浮かんでいたとされる。確かに、世界には、かつて存在した巨人が巨石を動かしたとする伝承もあり、決して無視できないが、それですべてが解決するわけではない。むしろ、巨人でなくとも巨石を空中浮揚させることができたとする伝承の方が数多く残されており、本書ではそこに焦点を絞っている。そもそも力任せで巨石が運ばれたのではなく、重力を克服した運搬法が存在したという伝承があったからこそ、筆者は巨石文明の謎に迫ってきた。もちろん、われわれ現代人がまだ知らないテコの原理のようなものが存在する可能性もあるかもしれないが、ここでは、単純に外部から直接的に力を得て物体が浮揚するケースは除外して構わないだろう。

二、波動干渉（または重力波遮断）によって物体が浮かぶ

波動干渉を利用した空中浮揚は、古代より最も代表的なものと思われ、これまで本書で詳しく取り上げてきた。そして、第一章で紹介したように、ユーリ・イワノフ博士が提示したスパ

イダー効果を生み出す波動干渉は、理想条件下においては、有力な仮説となっている。重力を生み出す波動干渉を人工的に再現できれば、引力と同時に斥力も制御できるようになるだろう。ジョン・キーリーは特別な和音を使って、引力と斥力を使い分けることができたとされている。我々の今後の課題は、決して一つではない、そのような特別な波動干渉や和音を見つけ出し、体系化していくことである。だが、波動干渉単独での空中浮揚には難しい面もありそうで、以下に挙げる他の方法との関係性も重要と思われる。

三、密度差によって物体が浮かぶ

水の中に石を入れると沈んでいくが、発泡スチロールのような軽い物体は浮かぶ。発泡スチロールを水中に押し込むと、発泡スチロールの体積分の水が脇へ押しのけられる。脇へ押しのけられた水の重さと発泡スチロールの重さを比較して、発泡スチロールの方が軽い。そのため、発泡スチロールは浮き上がる。しかし、こんな説明を行わなくても、単に密度の違いから生じる現象として理解できると思う。このケースは検討に値する。なぜなら、もし石が空気と同レベルまで密度を小さくするか、逆に空気の密度が石と同レベルまで大きくなれば、石は空中に浮かぶからである。

先に、カウスキー博士とフロスト技師が高周波電流を加えて、石英（水晶）の密度を落とし、膨張させた例を紹介した。石と空気の密度差が縮まれば、石は浮かびやすくなる。

但し、石が密度を落として膨張してしまっては、もはやその石を巨石構造物に利用することはできない。一時的に密度を落とし、すぐに元に戻せるのであれば良いが、現実的には難しいだろう。

では、空気を石の密度に近づけることは可能なのだろうか？　これも極めて困難ではあるが、先に触れたように、超音波浮揚において1センチ程度までの物体が空中浮揚する背後には、この原理も関わっている。浮揚させる物体を置く位置は、音波が定常波の節を形成する個所にあり、そこでは空気の圧力が高まるのである。簡単に言えば、圧縮されて硬くなった空気がその部分にだけ塊となって現れるのだ。

電気技師・発明家のニコラ・テスラ（１８５６－１９４３）も高周波を高電圧で利用して、空気を硬くする方法を発見している。だが、古代人が高周波を高電圧で利用できたのかどうかを考えると、疑問は残る。やはり、小さな軽量物体を浮揚させることは可能でも、巨石のように重い物体を浮揚させることには困難が伴うと考えられる。とはいえ、他の要素と複雑に関係することでその重要性が増してくるように思われ、密度差のテーマは無視できず、のちに再び触れることにしたい。

四、磁気の斥力（反発力）または遮蔽（しゃへい）効果によって物体が浮かぶ

磁石の同極同士を近づければ反発する。この原理を利用すれば、空中浮揚は可能である。実際のところ、それは永久磁石を使って誰でも簡単に再現できる。大規模なものであれば、リニアモーターカーも磁石の同極同士の斥力を利用したものである。これらは決して我々の理解を超えたものではない。

だが、近現代の発明家が永久磁石や電磁石を利用した話を聞くことはあっても、神話・伝説で永久磁石を利用して空中浮揚したことをほのめかすものは聞いたことがない。かといって、そう簡単に磁気力を除外するわけにはいかないだろう。磁気力が関わっていながらも、表面的にはそれに気づかないケースもある。例えば、人間を含めた動物には生体磁気がある。人体空中浮揚現象においては、それが何らかの形で関わっている可能性も考えられる。また、我々が日々発見を続ける最新の技術を古代の人々が知っていた可能性もゼロとは言えない。

超伝導に伴うマイスナー効果による磁気浮上も、念のため、頭のどこかに仕舞っておく必要があるかもしれない。超伝導体を磁石上で冷やしていくと、電気抵抗が無くなり、ある時点で浮き上がる。これは、外部からの磁力線が遮断されることから生じる磁気浮上現象である。分かり易く言えば、噴水のように噴き上げる水の上に、金網は無理でも金属板は載せられる現象と似て、磁場が超伝導体を貫通できないために押し上げる作用による。

マイスナー効果とピン留め効果による磁気浮上
Photo by Mai-Linh Doan

もし、このようなマイスナー効果を常温環境で利用できれば、空中浮揚は起こり得るかもしれない。だが、残念ながら、我々の身の回りに超伝導物質は存在せず、石も超伝導体ではないはずである。また、古代人は超低温に冷却する技術も持っていなかったと考えられる。

現代の我々が反重力を考えるにあたり、磁気浮上は代表的な手段の一つであるが、今から数千年以上前に可能だったのだろうか？　少々難しいのかもしれないが、それでいて、何らかの方法で磁気の力も利用されていたようにも思える。どこかに盲点があるのではないか？　のちに検証してみることにする。

他にも、地球の磁場や引力が変化する特別な時期を利用するなど、考えればいくつも方法はあるだろうが、大まかに分類して、波動干渉を利用した方法、密度差を利用した方法、磁気力を利用した方法とを合わせて3種類の方法が現実的だと思われる。これまで波動干渉を利用した方法に注目してきたが、次章からは、残りの二つの方法に加え、ここでは触れなかった方法についても注目していくことにする。

＊＊＊＊＊＊＊＊＊＊＊＊＊＊＊＊＊＊＊＊＊＊＊

アイスクリームコーン似の物体は重量を減らす秘密兵器？

ところで、先に紹介したリーズカルニンにまつわるエピソードで、実はもう一つ興味深いものがあった。それは、数人の子供たちが目撃して親に伝えたことであるが、リーズカルニンは両手にアイスクリームコーンのようなものを持って、宙に浮かぶ巨石に向けて、バランスを取りながら運んでいたというものだ。

手に持てるサイズで少し外形が異なることから、なかなか結び付けることができなかったが、これは、使用方法やメカニズムは違っても、椀状石と似たような働きを持っていたのではないかと筆者は気づいたのだ。そして、序章で紹介した、エジプト中期のジェイホテプの墓に残されていた壁画を思い出した。巨大な石像の膝に乗って運搬を指揮している人物に対して、二つのカップのようなものを手渡そうとしている人物が前方に描かれている。

もちろん、この二つのカップのようなものの中には、飲むための水が入っていたとは考えら

巨大石像の運搬作業図にはアイスクリームコーン似の物体が二つ描かれている？

れない。作業中に飲むためであれば、カップは一つで構わず、容器の形状も相応しいものが選ばれたはずである。また、大地を固めるための水は、もっと大きな瓶に入れられていたのがその直下に描かれている。

そのように考えると、これはリーズカルニンが使用していたアイスクリームコーンのような物体と同じだと考えられまいか？　本来、石像の膝の上で利用されるものではなく、最初に石像を動かしたり、段差を越えたり、最後に据え置く時など、単純にロープで引っ張るだけでは済まされない時に、下から石像に向けて使用されるべきものと考えられる。そのため、前方の人物が運搬の指揮者に手渡そうとしているのではなく、巨大な石像に向けてそれらを利用していたのかもしれない。詳細は不明だが、特に重い巨石の重量を減らすには非常に役立ち、巨石運搬の要となる道具であったからこそ、あえて描かれたのではなかろうか。

筆者の考えでは、そのアイスクリームコーン似の物体は、内部がいくらかくりぬかれているか、それ自体が相応しい構造と材質でできていたはずである。

我々は形と素材が特別な効果を生み出すことに注意を向ける必要性に迫られる……。

＊＊＊＊＊＊＊＊＊＊＊＊＊＊＊＊＊＊＊＊＊＊＊＊＊＊＊＊＊＊＊

第四章

自然界に見られるエネルギーを呼び込む形と素材の魔力／昆虫が実現しているる未知なるテクノロジーを追う

数ある空中浮揚法は三つに大別される⁉

これまで本書において、筆者は古代人が使いこなしてきたと思われる空中浮揚の術を解明すべく、様々な事例を多角的に分析・検証してきた。そして、いくらかの注目すべき共通点や法則性を見出してきた。だが、古代人はただ一つの方法で空中浮揚を実現させてきたわけではなかった。様々な技巧を組み合わせた、少なくとも数通りの方法が存在したと思われる。筆者はいくつかの方法においては、多くの部分を解明したつもりでいるが、残念ながら、いまだに解明されない部分も多く残されている。

さて、そんな方法論は、大雑把ではあるが、三つに分類することができそうだ。その一つは、「振動」と「波動干渉/静電場」に「初期浮揚力」を組み合わせたものである。物体を空中浮揚させるには、振動によってその可動性を高め、波動が干渉する特別な場または静電場にさらすことが有効で、接触によるエネルギー損失を極限まで減らすべく、いわばジャンプ台となるような装置が求められた。そして、それだけでなく、初期浮揚力とも呼ぶべき、上向きの力を補う必要性があり、それに関しては、のちにあらためて触れることになる。

だが、他にも空中浮揚を実現させる方法がある。その一つは、主に素材と形状を利用したものである。もちろん、「振動＋波動干渉／静電場＋初期浮揚力」の組み合わせを利用した方法においても、素材や形状は関わっている。また、素材や形状をメインとした方法においても、目に見えないレベルで振動や電磁気的な効果も関わっているため、あくまでも見かけ上、そのように違いが感じられるが故の分類であると考えて頂きたい。

そして、もう一つの方法は、磁気力を利用したものがある。実は、これは、本書における重要テーマとも言え、最後に言及したいと考えている。

さて、素材や形状を利用した空中浮揚に関しては、極めてダイレクトである。特別な素材を用いて特別な形状を作り出すことで、その物体が浮かび上がるという不思議な現象が存在するのである。本章ではそんな現象に関して考察していきたい。

古代の塔状構造物は昆虫由来？

形あるものは何かに共鳴・共振する。小さなものであれば、細胞は周囲の細胞と共鳴し、一体となって活動することで自身が属する生命（宿主）を支える。いや、もっと小さなレベルでは、電子も原子核からの張力の中、共振現象を起こすとみなすことができる。また、原子同士でも共振現象を起こす。

生物の場合は、自身の体やその部位の形には意味があり、何らかの情報を共振現象を利用して受け取り、時に発信もしている。

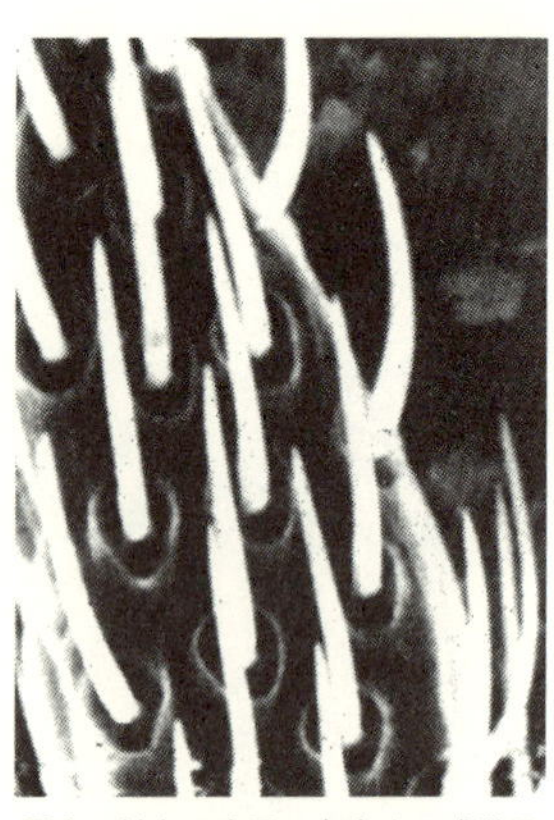
昆虫の触角の表面に存在する感覚子

昆虫の触角の表面には感覚子と呼ばれるトゲが存在するが、それはキチン質を利用した誘電体アンテナとして赤外線の波長を同調によって捉え、仲間との交信に役立っている。樹木もアンテナとしてシューマン共振と同一の周波数の他、植物にとって重要な２０００Hzの電磁波等を受信している。物理的な突起部分はアンテナとして機能しやすく、主に整数倍の波長の電波を共振して捉えるが、それを活用している生物は多い。

古代の人々は形あるものが特定の周波数に同調しやすいことを知っていたようである。我々はそんなことは考えずに、建物などの構造物を建設してきた。だが、結果的に、ある特定の周波数や振動の影響を受けやすいことが判明してくる。例えば、高層ビルが特定の周期を持った地震の揺れに弱いといったことは、古代の知識（例、エリコの壁）と比較すると、最近、ようやく気づいたことだと言えるだろう。

古代人が作り出した構造物が、特定の周波数を受信し、共振することは様々な研究家が報告

アイルランドのティマホーにあるラウンドタワー

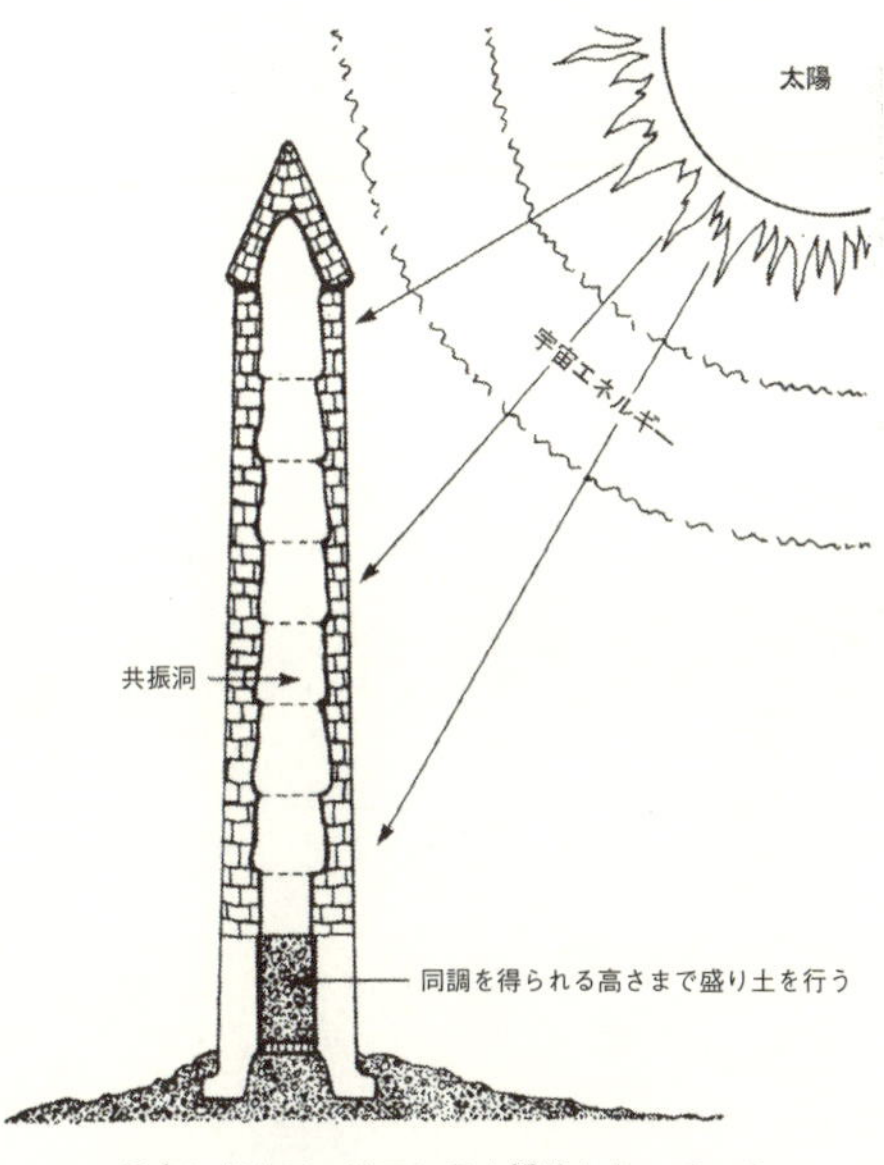

ラウンドタワーはアンテナ構造となっている

してきた。もちろん、それは意図してその特定の周波数を受信してきたのかどうか、検討する必要がある。垂直に伸びた建造物であれば、その高さに応じた波長の電磁波を受信しやすい。城壁のように輪を作り出す構造物であれば、その周長に応じた波長の電磁波を受信しやすくなる。これらの検討で重要なことは、受信感度を高めるような工夫や努力の跡が見られるかどうかである。また、意味のある周波数の電磁波を受信してきたのかどうかも判断材料となる。意図せずして特定周波数を受信してしまう構造物を我々はたくさん作り出してきたのだ。

例えば、アイルランドのラウンドタワーは、巨大な昆虫の感覚子と言えるようなもので、常磁性の岩石をアンテナ素材に利用して、樹木同様にシューマン共振の8Hz、2000Hz、さらに0～300Hzのターゲット波を受信している（常磁性とは、弱く磁石に引き寄せられる性質で、その形状、向き、サイズ等でその性質を高められる）。加えて、銀河の中心から降り注ぐ波長14・6メートルの電波を受信できるように設計されていた。

それは、地面付近での盛り土の量で塔の管の長さを調整し、アンテナとしての利得（感度）を高める工夫の跡が見られること、そして塔表面の電位測定から明らかとされた。また、模型による検証で、太陽からの磁気エネルギーを集積しやすい位置に窓が開けられ、床が設置されていたことも判明した。

お蔭で、ラウンドタワーは受信したエネルギーを周囲の大地に放射でき、高緯度地域にも関

フィリップ・キャラハン博士
Photo by Philip S. Callahan 著『Ancient Mysteries, Modern Visions』より

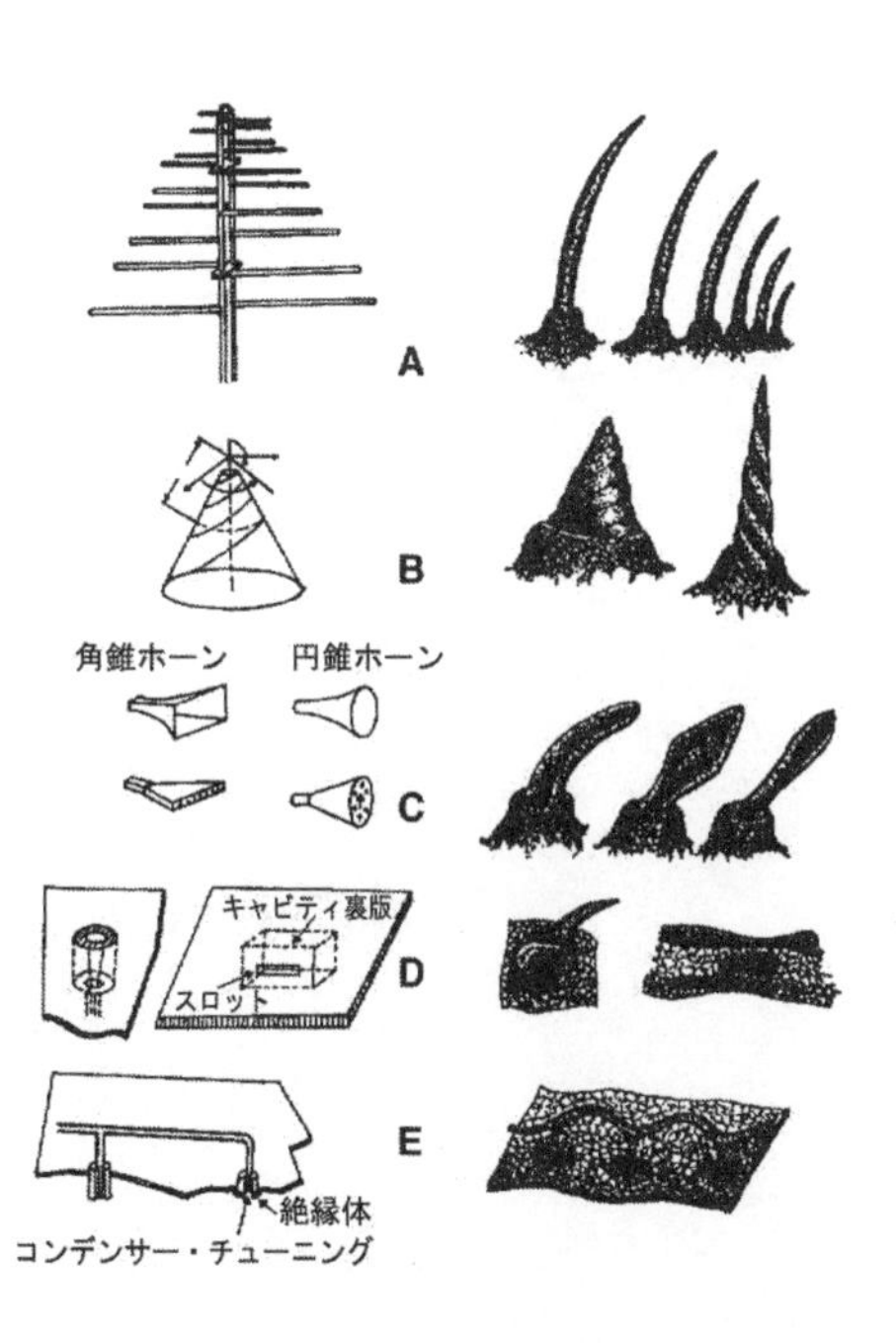

アンテナと昆虫の感覚子の比較

わらず、周囲の植物を豊かに成長させていた。このような遺跡は、たまたま特定の周波数の電磁波を受信したのではなく、意図的に受信してきた構造物であることが分かる（詳細は拙著『宇宙エネルギーがここに隠されていた』［徳間書店］参照）。

ピラミッドの形は昆虫の触角にインスパイアされた？

古代人はどのようにアンテナ、そして、共鳴・共振・同調の概念を入手したのだろうか？昆虫学者フィリップ・キャラハン博士（1923－2017）は、昆虫の触角の表面にある感覚子を調べたところ、人間が開発した様々な形状のアンテナすべてが昆虫に利用されていて、赤外線の受信に役立っていたことを突き止めた。逆に言えば、昆虫が利用してきたアンテナ形状の一部のみを人間は実用化してきたと言える。特に、感覚子の代表的な形状は、ラウンドタワー、オベリスク、仏塔（ストゥーパ）である。キャラハン博士は、古代人が作り上げたそれらが受信アンテナの役目を果たしてきたことに注目し、世界中の古代遺跡で受信周波数を測定し、アンテナとして機能する遺跡を報告してきた天才である。

エジプトの神殿壁画において、コガネムシ以上にアシナガバチが多く描かれていることに興味を抱いたキャラハン博士は、アシナガバチの触角を調べてみた。すると、奇しくもピラミッ

インドのデリーにあるクトゥブ・ミナール（Photo by Planemad）

ゴシック建築と昆虫の感覚子（Photo by Philip S. Callahan 著『Paramagnetism』より）

ドとオベリスクの形状をした感覚子を触角上に発見した。そして、古代人は昆虫が交信目的で利用する感覚子に学んで、同じ形状のピラミッド、オベリスク、仏塔などを作り上げてきたのだろうかと疑問を投げかけた。

もちろん、当時は感覚子を正確に確認するための走査型電子顕微鏡も存在せず、これは憶測の域を出ないものであるが、極めて興味深い考察である。なぜなら、形と素材はエネルギーを呼び込み、特別な力を発揮するからである。

常磁性とピラミッドの謎

物体の形状が極めて重要な役割を果たすことに触れたが、実のところ、形状だけでなく、材質も重要である。例えば、ラウンドタワーは、石灰岩、砂岩、玄武岩などでできており、それらの磁性は常磁性を示した。また、世界中の巨石遺構をはじめ、歴史あるピラミッドやオベリスク、石造仏塔なども、ほとんどの場合、常磁性の岩石でできている。

既に触れたように、常磁性とは、弱く磁石に引き寄せられる性質で、形状、向き、サイズ等でその性質は強化される。一方、反磁性とは、木材のように、弱く磁石に反発する性質であり、常磁性とは逆の性質と捉えることができる。また、忘れてはならないのが強磁性である。強磁性の物質は、強く磁石に引き寄せられ、擦ると磁化し、代表的なものに鉄、ニッケル、コバルトがある。

ここで興味深いことがある。同じ石灰岩であっても、産地によって成分は異なり、常磁性を示すものもあれば、反磁性を示すものもあるが、巨石遺構においては概して常磁性の岩石が選ばれていることである。そして、実地調査に基づいて、巨石遺構の近くで十分なサイズの岩石が存在しながらも、遠方から巨石が運ばれたケースが多々見られる背景には、古代人は反磁性ではなく、常磁性の岩石を求めていたからだという解釈をキャラハン博士は与えてくれたのである。

表面に常磁性粘土を吹き付けたラウンドタワー模型は磁石に引き寄せられる（Photo by Philip S. Callahan 著『Ancient Mysteries, Modern Visions』より）

さらにキャラハン博士は、聖母マリアが出現した土地など、いわゆる聖地とされる場所の土壌や岩石を帯磁率計で調べてみたところ、そのほとんどが常磁性を示すことを確認した。なぜ古代人は常磁性の岩石を好み、そこで奇跡が起こりやすいのだろうか？

キャラハン博士は、写真のように厚紙でラウンドタワーの小型模型を制作した。その表面には、素焼きの植木鉢を砕いて得た粒子が吹き付けられている。読者もご想像できるように、植木鉢は決して磁石に引き寄せられることはないが、常磁性の粘土でできている。常磁性の性質は、形、向き、サイズ等によって引き出される。

実は、ラウンドタワー模型をバランスが取れる位置で紐で吊るし、磁石に近づけると、引き寄せられるようになるのだ。このラウンドタワー模型は極めて敏感な磁気感知器となる。例えば、人体のツボが発する磁気エネルギーにも反応する。

宇宙の磁場と共鳴する常磁性の岩石

キャラハン博士は、さらに常磁性を引き出せるカーボランダム紙で模型を制作した。そして、そのラウンドタワー感知器をフロリダの自宅で人体のツボに近づけてみると、最大60~70度の弧を描くことを確認した。それでは、エジプトの大ピラミッドの王の間に持ち込んだら、どんな反応を示すのだろうかとキャラハン博士は考えた。

というのも、ピラミッドはその構造上、先細りした巨大な常磁性アンテナであっただけでなく、シンプルな長方形のアーチ状屋根を含めた「重力分散の間」、すなわち仏塔構造（アンテナ）をも内包していたからである。それは高さ24メートルの5階建ての石塔に相当するが、常

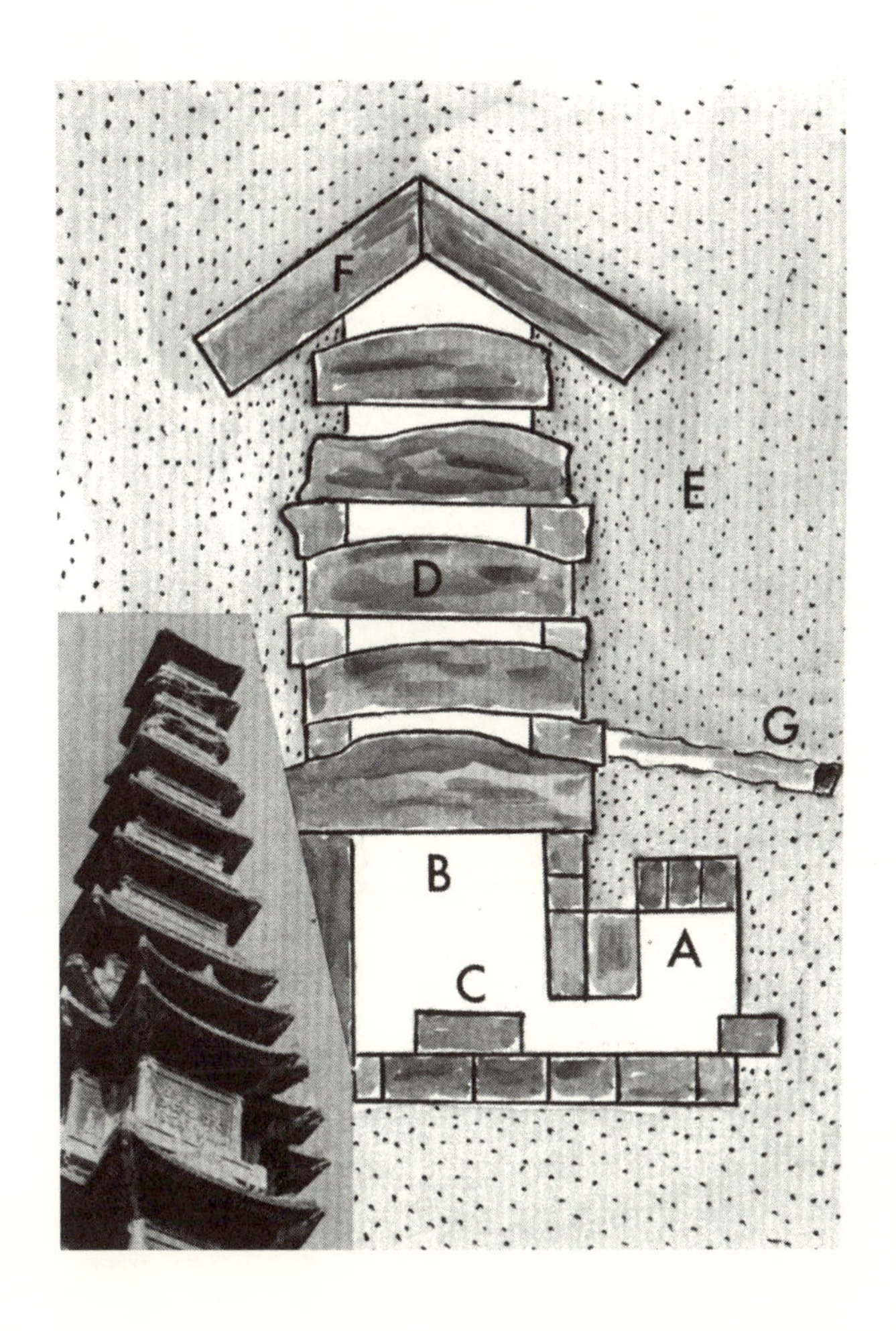

エジプトのギザにある大ピラミッドの内部には桃色花崗岩の塔（王の間）があるが、写真（左下）のように石造仏塔と似ている。A＝控えの間、B＝王の間、C＝石棺、D＝レンズ状石床、E＝ピラミッド本体、F＝石造仏塔の屋根、G＝職人のトンネル（Photo by Philip S. Callahan 著『Ancient Mysteries, Modern Visions』より）

磁性の高い桃色花崗岩でできている。既に触れたように、その構造は昆虫の感覚子と同様に優れたアンテナ機能を果たす。無線技術者でもあるキャラハン博士の分析によると、内部の石塔部分が宇宙からのエネルギーを受け止める共振洞として機能して、巨大な集光レンズ、あるいは「引き伸ばし機」のような役割を果たすはずであった。

そこで、実際にラウンドタワー感知器を王の間に持ち込んでみたところ、キャラハン博士の読みは当たった。驚くべきことに、ラウンドタワー感知器は人が近づくだけで最大で300度を超える弧を描いて反応しただけでなく、上下に激しく揺れた(空中浮揚)のである。この感度は、博士が自宅で行った場合と比較して5倍~10倍に相当した。

かつて大ピラミッドは、天辺にはキャップストーン(冠石)が存在し、四辺は階段状ではなく、石灰岩の化粧板で覆われ、表面は滑らかで美しく輝いていた。そのため、今や本来のピラミッドが有するパワーを失ってしまっている。だが、部分的に破壊された今でも、王の間には神秘的な反重力エネルギーが存在しているのが確認されたのだ。そして、常磁性の酸素を吸うヒトが、王の間において静かに瞑想(呼吸)を行えば、空中浮揚を体験することができたのだとキャラハン博士は言うのである。

このように、常磁性の岩石は宇宙の磁場と共鳴する能力を備えており、その性質を利用して作られた塔状構造物は、周囲の動植物に活力を与え、人間に対しては神秘的な力をも与えていた。

古代人は常磁性エネルギーを使いこなしていた⁉

既に触れたように、古代エジプト人は石に対する関心が高かった。そして、石を表すヒエログリフをたくさん持ち、様々な種類に分類していた。キャラハン博士は石を表すヒエログリフを分析してみたところ、漢字の偏（へん）や旁（つくり）のように、横長の長方形（▭）を含むものと、縦に3本の筋が入った長方形（▥）を含むものの二つに大別できることを発見した。そして、その違いの解読を試みたところ、なんと前者は反磁性の石で、後者は常磁性の石を表し、空中浮揚と関連しているという結論に到達している（詳細は拙著『宇宙エネルギーがここに隠されていた』［徳間書店］参照）。

実は、自然環境において、常磁性の岩石が多く見られる場所がある。それは山である。豊かな自然が残されていれば、多くの山の麓は森林で覆われている。山を登り、標高が高くなると、いずれ森林限界がやってきて、それより先は草しか生えない状況となる。そして、さらに標高が増すと、植物限界がやってきて、草すら生えない高地となる。そんな場所は、自ずと岩でゴロゴロしている。常磁性の岩石は火山性の岩石に多く見られるため、火山で形成された山であ

aner sept。準備された石（花崗岩）を意味する。これは次のような要素で構成されている。左の「4」と似たシンボル：(空中浮揚のための）羽、左から2番目の上段：波、左から2番目の中段：口（常磁性の息の源)、左から2番目の下段：常磁性の石、左から3番目の三角形：ピラミッド、左から4番目の上段の○：石が作られる場所からもたらされる砂、左から4番目の■：シンメトリー、左から4番目の下段の3本線：(ピラミッドを構成する）多数（の石)。つまり、反重力（浮揚力）を持つ常磁性の石を指すとキャラハン博士は分析している

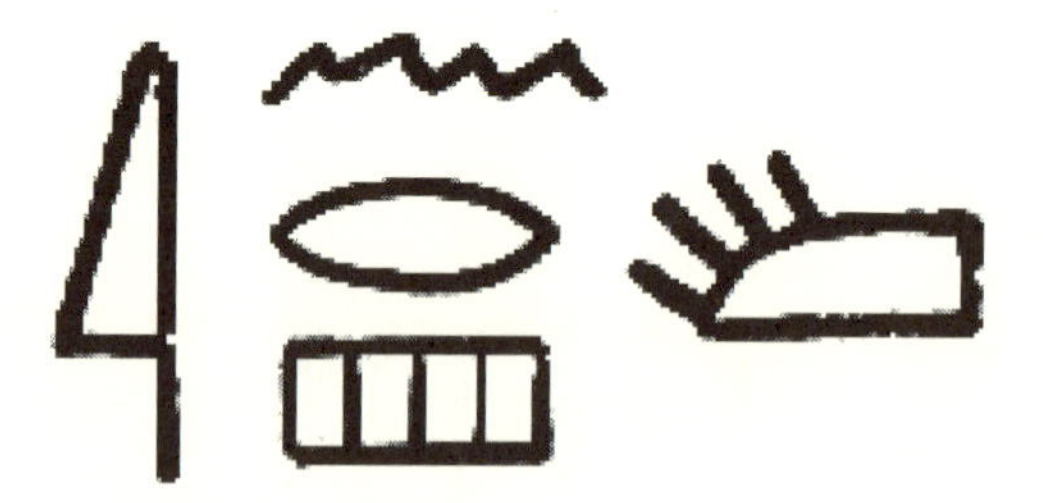

黒御影石（黒色花崗岩）を示すヒエログリフ。3番目のシンボルは羽を多くつけた翼を表している。キャラハン博士によると、最も浮揚力の大きい常磁性の石を示す

れば、より常磁性に満ちた場所となる。そして、富士山のように美しい円錐形の山であれば、天然のアンテナ効果によって太陽からの磁気エネルギーを吸収し、さらに常磁性に満ちた場所となる。だからこそ、そんな常磁性に満ちた山は聖山と呼ばれ崇(あが)められることになる。

常磁性の岩石でできたラウンドタワーは、日中、太陽の光を浴びて磁気エネルギーを蓄え、塔の表面を伝わって周囲の反磁性エリアに常磁性のエネルギーを注ぎ込む。常磁性の素材でできた先細り構造物の見本として、天然の山が存在し、山が水をもたらすこととあわせて、その麓には豊かな緑が生み出される背景を古代人は知っていたようである。そのため、寒さの厳しい条件にあっても、アイルランドのラウンドタワーの周囲では草が生い茂る。厳しい条件があったからこそ、ラウンドタワーが建てられたと考えられる。

因みに、キャラハン博士の調査では、健康な作物を育てるためには、常磁性の土壌が必要である。優れた農地の土を分析してみると、常に高い常磁性を示す一方、農薬や化学肥料が使用された土壌は反磁性に傾いていているという。

筆者は本書において巨石の空中浮揚について取り上げてきたが、そんな巨石にはエネルギー集積性の高い常磁性の岩石が好んで利用されてきた可能性が高い。ピラミッドは巨石の集積であるが、常磁性を帯びた岩石の台地に建造されており、その一帯は地質的・磁性的に特別な環境にあったと言える。そんな環境の中、椀状石と常磁性の岩石が圧電効果による電気、そしてのちに触れる磁気を介して接することで、現代人にとっては「奇跡」が起こったのだと言えるのだろう。

古代人は電気と磁気に関する知識を持っていた。だが、おそらくその概念は我々のそれとは少し異なっていた。それが故に、我々はあまりにも重要なことを見落としてきたのだと思われる。

グレベニコフ博士の空飛ぶプラットフォーム

ここで、素材と形状という観点でさらに紹介しておきたいのがロシアのヴィクトル・S・グレベニコフ博士である。

筆者は、2007年に出版された拙著『超不都合な科学的真実』(徳間書店)において、グレベニコフ博士が昆虫の浮揚力を応用して、空飛ぶプラットフォームを作り出し、自由に空を飛びまわっていたことを紹介した。同書においては新奇な情報をいくつも紹介したため、極めて反響が大きく、海外でも出版され、お陰様で筆者の代表作としてロングセラーとなった。中でもこのエピソードは多くの読者にとって最も印象に残る個所になったようで、筆者が紹介して以降、瞬く間に日本国内にグレベニコフ博士の研究は知れ渡るようになった。当初は、アメ

ヴィクトル・S・グレベニコフ博士

空飛ぶプラットフォーム（Photo by http://www.keelynet.com/greb/greb.htm）

リカのジェリー・デッカー氏が運営するKeelyNetで紹介されたものだったが、筆者が紹介したことで日本人が注目し、アメリカに逆輸入されて、２００８年以降に再び注目を浴びることとなったようだ。

重力を打ち消す効果を理解するために、グレベニコフ博士の発見は極めて重要である。そこで、あらためて本書においても紹介する。

自然をこよなく愛し、芸術の才能にもあふれた昆虫学者ヴィクトル・S・グレベニコフ博士はロシアのノボシビルスク郊外の農業アカデミー科学センターにおいて教授を務めていた。彼は「空洞構造効果」の発見者として知られてきた。しかし、自然と、その背後にある秘密から導き出した反重力効果の発見に関しては、近年までほとんど知られてこなかった。

１９８８年、グレベニコフ博士は、ある昆虫のキチン質殻や繭(まゆ)には反重力効果があることを発見した。また、反重力の作用する重力場に存在する物体が、完全または部分的に視覚できなくなるか、知覚が歪む現象も発見した。この発見に基づいて、彼は最大で（理論上）時速１５００キロ（マッハ１・５）というスピードで飛行可能な空飛ぶプラットフォーム（１９５ページ写真）を制作し、１９９１年か１９９２年以降、高速移動のためにその装置を利用してきたとされている。そして、この反重力効果は、わずか数種の昆虫から限定的に見出されるものではなく、幅広い自然現象からも認められるという。

ここで、予備知識のない読者からすれば、人を馬鹿にしたオモチャのようにしか見えないかもしれない。しかし、それは偏った情報にばかり接してきて、重力克服法に対する先入観が強過ぎるためだと思われる。

これまで人類はあらゆることを自然から学んできた。原点に戻って、人間を含めて、この地球上に存在する動植物をよく観察してみると、極めて不思議な効果を生み出す部分や法則が埋もれていることが分かる。その再現には必ずしも複雑な機械仕掛けは必要ない。グレベニコフ博士はそれを見つけ出してしまったのだ。

蜂の巣がもたらす謎の不快感

昆虫学者のグレベニコフ博士は、自然の中で観察を行うために昆虫保護区等でキャンプして過ごすことが多かった。ある夏の日、彼は、カミシュロボ渓谷にある湖へと続く草原にいた。そこで夜を明かすつもりであった。コートを下に敷き、バックパックを枕にして

カミシュロボ渓谷　Photo by http://www.keelynet.com/greb/greb.htm

草原で横になった。

眠りに落ちようとすると、突然目に閃光を感じ、夜空に光が走っているように感じられた。口の中では金属的な苦さを感じ、耳鳴りもする。心臓の鼓動が激しくなり、強い不快感を得た。

グレベニコフ博士は起き上がり、草原を下って、湖畔に下りてみた。

まったく異常は感じられず、不快感も消えた。どうしたことだろうか？　湖畔から離れて、寝床に近づくと、また同じ不快感が襲ってきた。その場所は、地下にたくさんの蜂の巣がある場所であった。もちろん、蜂が襲ってくるわけではなく、なんとも理解できないものであった。しかし、彼はその夜を蜂の巣の上で過ごした。そして、夜明け前に頭痛とともに目を覚まし、彼は自宅までヒッチハイクして戻った。

蜂の巣
Photo by http://www.keelynet.com/greb/greb.htm

その後、グレベニコフ博士は何度か同じ場所を訪れたが、やはりある場所に来るといつも不快感を得た。

その不快感の原因を理解できたのは、数年が過ぎてからのことであった。再び訪れてみると、

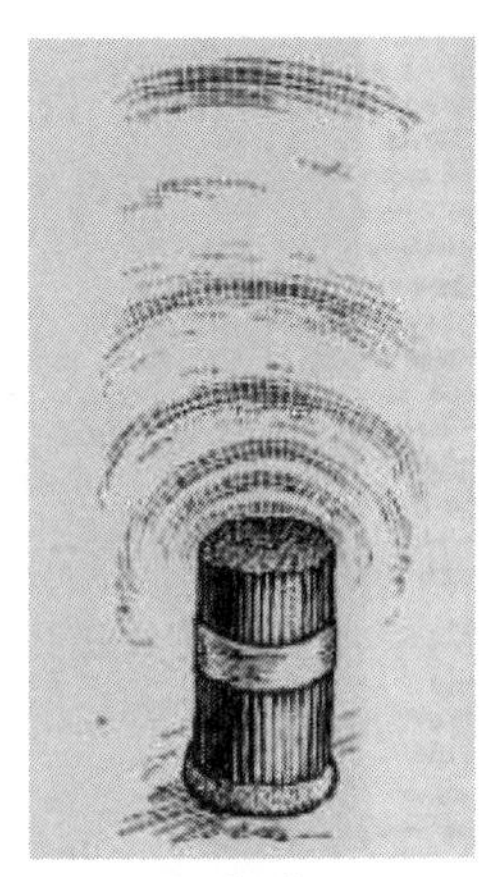
紙のチューブの束　Photo by http://www.keelynet.com/greb/greb.htm

あのカミシュロボ渓谷の土地は農地として開墾され、無残にも泥の山と化していた。そして、地表に露出していたのが、地中に埋まっていた蜂の巣だったのだ。

グレベニコフ博士はその蜂の巣を研究室に持ち帰り、ボウルの中に入れておいた。ある時、ふとそれを持ち上げようとして手を近づけた途端、不思議な感覚がやってきた。蜂の巣からは暖かさが感じられたが、触れてみると冷たかった。そして、しばらくすると、あの忌まわしい不快感が蘇ってきた。口の中が苦く感じられ、頭がふらついて、気分が悪くなってきたのだ。

グレベニコフ博士は簡単な実験を試みた。蜂の巣の入ったボウルの上を厚紙や金属で蓋をしてみたのだが、まったくこの感覚に違いは生じなかった。温度計、超音波探知機、磁力探知機、電流探知機、放射能探知機、さらには蜂の巣の化学分析も行ったが、まったく異常は発見されなかった。

似たような現象は、葉切蜂に住まわれた紙のチューブの束にも認められる。各紙のチューブ内は、数層に分かれて切り刻まれた葉が詰められており、やはり葉によって凹面の蓋がされている。そして、各層には、幼虫やさなぎを含む卵形の繭や繊維（絹糸のようなもの）が含まれている。

その紙のチューブの束上に手をかざしてみると、蜂の巣の上に手をかざした時と同様の感覚を味わうことができる。

空洞構造効果は独特の形状や配列でもたらされる作用だった

グレベニコフ博士は、プラスチック、紙、金属、木によって人工的に蜂の巣を作ってみた。

Photo by http://www.keelynet.com/greb/greb.htm

そこで分かったことは、不思議な感覚が得られるのは、蜂のような生物が自然に作ったから生み出される現象なのではなく、大きさ、形状、数、配列に依存するということであった。

蜂の巣のような空洞構造を人工的に作り出し、そのフィールドにおいて植物の生長差を調べる実験を行ってみると、空洞構造のフィールドを利用したものの方が生長が早まった。そして、植物の根が生える方向は、空洞構造の蜂の巣や人工物から離れる方向に向かうことも分かった。

空洞構造のフィールド内に時計や電卓を置くと、正常動作しない現象も発生する。また、空洞構造のフィールドから離れると、距離に応じてその効果が減衰するというわけではなく、何か不可視のシステムを持っていたという。

さらに、この空洞構造効果は大変興味深いもので、空洞構造のフィールドをどこかに移動しても、たいてい数分間（長い場合は数ヶ月間）は元の場所で効果を残し、新しく移動した場所で効果を得るのにやはり数分の時間を要することである。これをグレベニコフ博士は「幻影」現象と呼んでいる。

グレベニコフ博士が発見した空洞構造効果は広く知られており、ノボシビルスク郊外の農業生態学美術館では、椅子の頭上にミツバチの巣を入れた箱を設置したものが展示され、空洞構造効果を体験できる。

頭上10～20センチぐらいにミツバチの巣が入った箱がくるように、椅子に腰掛け、10～15分ほど待つと、誰もが不思議な感覚を味わえるという。因みに、グレベニコフ博士によると、ミツバチ以外の蜂の巣を利用した場合は、最初の2～3分間は人に不快感を与え、決して人間にとってプラスになるエネルギーを受け取れるものではないという。

他にも簡単に空洞構造効果を体験する方法がある。次頁の下の図のように、アコーディオンのように1枚の紙に10個の折り目を入れて、計20面できるようにする。できれば、暗い色の紙は避けた方がいい。それを計7枚作る。底に置いた紙に時計回りに30度回転させて2枚目を接

Photo by http://www.keelynet.com/greb/greb.htm

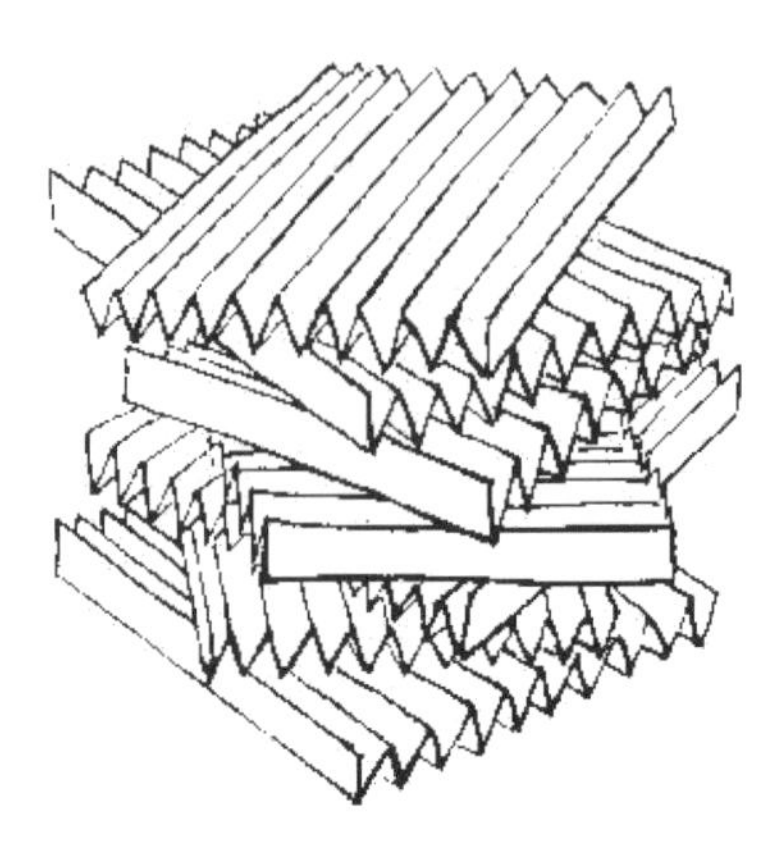

Photo by http://www.keelynet.com/greb/greb.htm

着剤で固定し、さらに2枚目から同様に30度時計回りに回転させて3枚目を接着固定する。そのようにして、全部で7枚重なったものを作った後、その上部や下部に手のひらをかざしてみたり、頭上に浮かぶように固定してみる。

蜂の巣から得られるのと似た空洞構造効果を体験することができる。

このように、物体の形状が不思議な作用をもたらすことは興味深い。こんな空洞構造効果の中には、反重力効果を生み出すものがあるのだろうか？

空飛ぶ昆虫の繭の怪

それは1981年のことであった。グレベニコフ博士はノボシビルスクの郊外で、昆虫用の網を使ってアルファァルファを刈りながら、網に入ってきた昆虫、葉っぱ、花などを採取していた。そして、生綿をビンの中に投げ入れ、蓋をしようとした時、軽い小さな繭が飛び跳ねてきたのに気づいた。

それは卵形をしており、ビンの中で飛び跳ねていた。繭が自力で飛び跳ねることは不可能なはずであろうに。しかし、

ヒメバチの繭　Photo by http://www.keelynet.com/greb/greb.htm

グレベニコフ博士の常識を覆し、何度も繭は飛び跳ねては、ビンの壁に当たっては落下した。

あとで、グレベニコフ博士はその繭だけを取り出し、自宅に持ち帰って観察することにした。長さ約3ミリ、幅1・5ミリであった。繭の外側は硬くできていた。光を当てるか、暖めると、ジャンプを始めるようで、暗闇においては不動であった。3ミリの長さの繭が、5センチも飛び跳ねることもある。しかも、転がりもせず、スムーズに飛び上がるのだ。足があるか、体を曲げることのできる昆虫であれば、それも理解できないわけではないが、ただの卵形の物体が、自分の背丈の十数倍も飛び跳ねる理由が分からなかった。また、水平に飛ぶこともあり、その際は、高さ5センチ、距離35センチにも及ぶ。これは自らの幅の30倍以上にもなる。

ヒメバチ（ヨーロッパトビチビアメバチ）
Photo by http://www.keelynet.com/greb/greb.htm

その繭が硬い容器の底を蹴るようなこともありえるかもしれないと考えたグレベニコフ博士は、今度は柔らかい綿に載せて、繭のジャンプを眺めることにした。結果は驚くべきもので、やはりその繭は、決して硬い底を叩かずに高さ4・2センチほど飛び上がったのだ。

結局、その繭から、オスのヒメバチに分類される成虫（ヨーロッパトビチビアメバチ）が誕生した。その幼虫はアルファルファの害虫であるゾウムシに寄生するので、アルファルファ農家にはありがたい存在である。ヒメバチは、宿主となる幼虫や蛹に卵を産み付け、孵化（ふか）したヒメバチの幼虫は宿主を食べつくすと、近くで繭を作って成虫となる。そのため、密集した巣を作らない寄生蜂である。

空飛ぶプラットフォームの発明と不可視のフォース・フィールド

グレベニコフ博士は次のように空想した。

もしあの蜂が地球を脱出したいという意志を持っているとしたら…。

翼を持った成虫の蜂は飛ぶことはできるが、高度を増せば空気が薄くなってしまい、その目的を果たすことができない。繭内の幼虫の場合は、状況がまったく異なってくる。もしも、5センチ飛び上がった繭を捕まえて、そこからさらに5センチ飛び上がらせるとする。そして、そこからさらに5センチ飛び上がらせて、延々と繰り返してみたら…。

どうやら、グレベニコフ博士は、こんな空想を現実のものとしてしまった。1990年、ある昆虫の外骨格を用いて、写真のような空飛ぶプラットフォームなる反重力飛行装置を作り出したのである。

当時、ヨーロッパでは三角形のUFOが出現し、世間を騒がせていたが、グレベニコフ博士

空飛ぶプラットフォームに乗るグレベニコフ博士
Photo by http://www.keelynet.com/greb/greb.htm

空飛ぶプラットフォームを持ち運ぶグレベニコフ博士
Photo by http://www.keelynet.com/greb/greb.htm

Photo by http://www.keelynet.com/greb/greb.htm

の考えでは、それらはこの地球上で製造されている。但し、自分が作ったような、半分木でできた仕掛けではなく、もっと洗練されたものであるが。博士自身も三角形のプラットフォームを作りたかったと言っている。その方が、より安全かつ効率的であるからだという。しかし、彼が長方形のプラットフォームにこだわったのは、簡単に折りたためることで、スーツケースや画材入れのようになり、怪しまれないからであった。

グレベニコフ博士は自分が開発したプラットフォームで空を飛んでも、ほとんどの場合、発見されることはなかった。また、かなりの高速で飛行していたにも関わらず、風の影響を受けることはなかった。

彼の分析によると、プラットフォームのフォース・フィールドが周囲の空間を上向きに切り取ると同時に、地球の引力とも切り離し、不可視の円筒形状空間を作り出す。しかし、彼自身と周囲の空気はそのままその切り取られた円筒形状の空間内に留まっている。それによって、自分が視覚されなくなることが起こるのだろうと彼は考えた。

しかし、そのフォース・フィールドは体をわずかに覆う程度のものであった。というのも、グレベニコフ博士が頭を少し前にせり出せば、すぐにも強烈な風に乱されてしまうのが感じられたからである。

視覚性に関しては、あえて人に近づいて、自分が目撃されるかどうか何度も試みている。森の端で遊んでいる3人の子供たちに至近距離まで降下して近づいてみたこともあった。ほとんどの場合、プラットフォームと彼自身の影も投射されず、彼が気づかれることはなかったのである。

空飛ぶプラットフォームの動力源は昆虫の殻だった！

グレベニコフ博士が完成させた空飛ぶプラットフォームは、写真のように大変シンプルなものである。皆さんは、一体どこにそんな仕掛けがあるのかと思われるかもしれない。

操縦方法に関して直接グレベニコフ博士に問い合わせたジェリー・デッカー氏によると、次のようになる。写真のように、ハンドル部分から2本のコードが下に伸びているが、それらはオートバイのクラッチとブレーキのようなものである。片方が前方にある翼（適切な言葉ではないが、翼の役割を果たす反重力因子である）を制御し、もう一方は後方の翼を制御する。前後両方の翼を全開にすると、真上に急上昇する。前方に水平移動する際には、前方側の翼を半分閉じる。それによって前傾して、「前方に落ちる」感覚で、前進可能となる。上昇する高度や、浮上させる重量の調整は、内部に埋め込まれた昆虫の殻の数で決まってくる。因みに、彼は高度300メートルまで上昇できる数の昆虫の殻を入れていたという。

グレベニコフ博士によると、空飛ぶプラットフォームが生み出すフォース・フィールドのお陰で風圧は感じないものの、特に高速においては極めて操縦は難しいとのことであった。また、天候に関して、雨の時や、冬の視界の悪い時は危険で、夏の快晴時の飛行がベストであるという。

さて、空飛ぶプラットフォームの動力源は「昆虫の殻（外骨格）」だったとされるが、これは具体的に何だったのだろうか？　ジェリー・デッカー氏は、それは甲虫の殻（外骨格）の中でも、おそらく六角形をしたものと推測した。他方で、先に触れたヒメバチに分類されるヨーロッパトビチビアメバチの繭を利用したと推測する者もいた。だが、グレベニコフ博士が決して口を割らなかったため、残念ながらこの点は謎のままとなっている。

それで、肝心のプラットフォームの底部であるが、ジェリー・デッカー氏の推測とあわせて、当時筆者も拙著『超不都合な科学的真実』（徳間書店）において左記のように推測を試みた。

おそらく、プラットフォームの前半分と後半分の底部は内部がくりぬかれている。それぞれの内部には、折りたたんでも精々高さ2センチ程度の蛇腹のようなものがあって、その表面上向きに甲虫の殻が取り付けられている。というのも、プラットフォーム自体の厚みが4～5センチと考えられるため、内部をくりぬかれても、最低限人が乗れる強度を保てる空洞を考える必要があるためだ。前後両方の蛇腹を全開にすれば、より大きな速度で上昇する。前方の蛇腹を半分閉じると、上向きではなく、斜めに甲虫の殻が向き合い、互いに反重力効果を半分程度打ち消し合う。それによって、前方に傾いて前進する。ハンドルでの操作は、オートバイのように、グリップを回すことによって、蛇腹の開閉を調整していく。高度を下げる際は、前後両方の蛇腹を同じように閉じていく。地上での着地状態では、蛇腹がぴったり重なり合って、すべての力を打ち消し合う状態になっている。もちろん、蛇腹式ではなく、甲虫の殻を張り付けたアイスクリームの棒のような細長い板が平行して並べられ、それらがそろって回転する構造でも構わない。基本的にこのような仕組みがプラットフォームの底部にあったと思われる。

しかし、これだけでは、左右方向の動きが調整できない。そこで、左右には、やはり甲虫の殻を表面に貼り付けた板状の棒を、回転できるようにそれぞれ取り付ける。両方とも右に向ければ、右に飛ぶ。互いに向き合わせれば、左右の動きは打ち消し合う。そして、両方とも上に向ければ、さらに上昇を助けることになる。この部分は、ハンドルのグリップとは別のところで操作したのだろう。また、若干の回転なら、体を動かすことで可能であったかもしれない。

なぜそのようにしなければならないのかと言えば、先にも触れたが、空洞構造効果を起こす物体の前に板や金属等を置いて遮断しても効果が薄れないからである。つまり、互いに力を打ち消し合う方法を利用しない限り、コントロールできなくなってしまうのだ。


このように、今から10年ほど前に、確信を持てるものではないことをお断りした上で、筆者は推測を行った。そのように推測するしかなかったというのも、グレベニコフ博士は秘密主義を貫いたからである。

自然保護の観点から謎は明かされないまま

なぜグレベニコフ博士は、空飛ぶプラットフォームのメカニズムを秘密にしたかったのだろうか？　その理由は、彼自身の説明によると、主に二つある。

第一の理由は、真実を証明するためには時間と労力を要するからである。それで、グレベニコフ博士はそのいずれも持っていないと考えていた。

第二の理由は、唯一シベリアに生息するある種の昆虫を利用したからである。グレベニコフ博士は、自然と地球上のあらゆる生物を愛した昆虫学者であり、動植物たちとともに過ごすことで幸せを見出す人物であった。もしその昆虫の名前を具体的に公表してしまえば、誰もがその奇跡の昆虫を捕まえようとして、すぐに絶滅の危機に遭うだろうと考えていた。唯一分かっていることは、シベリアに生息する甲虫1100種のうちのどれかの殻か、巣か、繭を使用したということである。

その後、1999年頃からグレベニコフ博士は体調を崩して入院した。その間、多くの人々から取材を受けたが、具体的な昆虫の名前を決して明かすことはなかった。また、空飛ぶプラットフォームも、自分自身でハンマーを使って粉々に破壊してしまったという。そして、2001年4月、彼は74歳にしてこの世を去った。

今となっては確認できない話であるが、蜂の巣が起こす効果など、自然が作り出した形状や昆虫の持つ未知の力など、興味深い研究成果が存在するのは確かである。ノボシビルスク郊外の農業生態学美術館では、今でもグレベニコフ博士の空洞構造効果が体験できる椅子が展示されている。そのような未知の力に対する研究が土台にあることを考えれば、空飛ぶプラットフォームが存在していたと想定することは、決して常識を逸脱したものではないと言えるだろう。

グレベニコフ博士が残した興味深い言葉がある。

「6本足の友達なしに、我々は何もできない。自然とともに生きれば、似たような装置はすぐに手に入れることができるようになる。自然を守らなければ、もちろんそのような装置も手に入らない」

自然の産物が技術的発展を促す

さて、右記は拙著『超不都合な科学的真実』（徳間書店）において紹介した内容を再び取り上げたものであった。今回、古代人の空中浮揚の謎に迫るにあたり、筆者はこのグレベニコフ博士の大発見をあらためて振り返った。そして、２０１５年12月25日、その理由を科学的に説明できる段階にはないが、ついに動力源となる部分とその構造的な作用を理解することができたと感じた。

筆者はシベリアに生息する昆虫に詳しくはない。グレベニコフ博士が具体的に何という名前の昆虫を空飛ぶプラットフォームに利用したのかは分からない。しかし、本書で報告してきたような研究を通じて、具体的にどのような基準で昆虫（甲虫）を探し、その外骨格のどの部分をどのように利用するのかに関してはおおよそ想像できる。また、その外骨格のどのような構造が反重力効果を促すのかも推測できる。おそらく、わずかに数種、多くても十数種の甲虫にターゲットを絞ることはできるだろう。そのため、例えば、日本国内で候補となる昆虫を集めて、どの昆虫が最も効果的に利用できるのかを比較検証することは可能である。そして、筆者の考えでは、程度の差はあるとしても、重力を打ち消す効果を備えた外骨格を持った昆虫は世界中で発見できるはずである。

だが、それでも、もし筆者がどのような基準で昆虫を探したらいいのかを公表してしまえば、この地球の生態系に悪影響を及ぼす可能性がある。仮に筆者の推測が間違っていたとしても、それは同様な影響を及ぼす恐れがある。今やインターネットの時代である。たとえ日本の読者が良識を持っていたとしても、情報は簡単に広まる。自然に恵まれた発展途上国の人々がその特別な昆虫の捕獲に躍起になるかもしれない。最終的に、グレベニコフ博士が直面した問題と同様、筆者もこれを無視するわけにはいかない。筆者が本書で述べたような発見に至ったのは、昆虫に愛を注いだフィリップ・キャラハン博士のような天才的研究者の業績に触れたことに加え、筆者自身がまだ自然の残される環境で、動植物たちに囲まれ、支えられて、生きてこられたからである。筆者に多くのインスピレーションを与えてくれたのは彼らであり、彼らに対しては最大の配慮をせねばならない。

だが、ヒメバチの繭の空中浮揚に関しては、一つだけ指摘しておきたい。それは、ヒメバチの幼虫が繭の内部で体を動かし、太鼓のように繭の内壁を叩き、振動を与えていたことである。もちろん、その振動は能動的に生成されたものである。これは他のいくつかの空中浮揚現象にも繋がる……。

さて、本書も終盤にさしかかり、正直、筆者はどこまで書くべきかを思い悩んだ。何度も手を止めた。そして、この段階で既に書き過ぎたと感じた。ここまで書いてしまえば、たくさんの人々がその謎を解いてしまうはずである。本来、本書の目的はそこにあるのだが、残念ながら、我々の意識レベルがまだ成熟しているとは言い難い。そんな中で、余計な知識を得てしまうと、自らの首を絞めるような悪影響すら誘発させる可能性もある。そこで、思い悩んだのである。だが、それでも読者の良識を信じたいとも考え、書き過ぎと言えるほど詳細を記したところがある。

これからの筆者の課題の一つは、極めて安価で簡単にその効果を利用できる代用品を作り出すことである。少なくとも、その段階を経て、代用品の普及を待ってから、具体的なことが一般にも明かされていくのが望ましいのだと考えている。おそらく、本書に記された情報を参考にして、謎を解くことになる読者も現れると思うが、願わくば、同様の配慮をお願いしたいところである。

第五章

人体の空中浮揚と同化の法則／こうしてあなたは空中を歩く

夢遊病者の体重は軽くなる？

２００９年5月20日付けの英『デイリー・メール』紙によると、当時18歳のレイチェル・ウォードさんはウエストサセックス州ホーシャム近くの自宅の2階窓から睡眠中に転落した。いわゆる夢遊病による夜間徘徊の結果である。彼女の家は、１８２０年に建てられた歴史ある城を共同住宅に再利用したもので、２階寝室の窓は地面から約７・５メートルの高さにあった。日本の一般的な住宅であれば、３階の窓の高さに近い。だが、レイチェルさんは転落後にいくらか腰が痛いと感じた程度で、奇跡的にまったく怪我はなかった。

日頃、演劇とダンスを学んでいた彼女は、事件当日、実技試験に疲れて夜9時半にはベッドに入った。ところが、数時間後に気づいた時には、窓から地面に落下していた。叫び声に気が付いた母親が外に出てレイチェルさんを発見すると、なおも寝ていたという。外傷は見られなかったこともあり、父親はレイチェルさんをいったん部屋に戻して睡眠をとらせた。その後、念のため病院に連れて行ってレントゲン写真やＣＴスキャンで調べてもらったが、レイチェルさんの体に何の異常も見つからなかった。

もちろん、本人もどのようにして窓から落下したのか、まったく記憶にない。レイチェルさんの落下地点では、芝生が15センチほど剝げていたというが、まるで軽い人形が落ちたかのようだったという。

実は、夢遊病の人が睡眠中に体重を減らすと思われる現象はたくさん報告されている。例えば、通常ならその体重で簡単に折れるか割れてしまうような薄板の上を歩けてしまったり、隣で寝ていた人を踏みつけても、踏みつけられた人はその痛みに気づかないといったケースである。

疲労した少女や少年が何かに憑りつかれて起こりがちだとする説もあるが、我々はそんな不可解な現象に時折接してきながらも、なかなか真剣に調査することはなかった。

だが、ロシアのスラヴェク・クラペルカ（Slavek Krapelka）氏は、自分の娘が無意識で夜中に徘徊する夢遊病の症状を示していたことから、２０００年の8月から11月の末にかけて、体重低減現象を調べてみることにした。彼は娘の部屋のドアの前に体重計を設置し、その体重計を踏まずして出入りできないようにして、その時刻も記録したのだ。

その結果は極めて興味深いものであった。実験の４ヶ月の間に22回の異常な体重変化が測定されたのだ。通常では42キログラム弱の体重が、２度微増、１度激増、１度微減したものの、残りの18回は、実に通常の０～17％に体重が激減していたのである。０％は２度測定されており、体重はマイナス、つまり、体が浮揚していた可能性も否定できないものだった。

Date	Time (Approximate to 10 minutes, more or less)	Weighted (Approximate to 500g, more or less)	Normal Weight	Type of Scale	Report Number
03/08/00	23h40m	43.248kg	41.600kg	Electronic	1-8-00
12/09/00	02h20m	43.876kg	41.600kg	Electronic	1-9-00
18/09/00	00h25m	5kg	41.600kg	Mechanical	2-9-00
21/09/00	00h50m	7.200kg	41.600kg	Mechanical	3-9-00
22/09/00	04h10m	4.700kg	41.600kg	Mechanical	4-9-00
27/09/00	00h20m	5.300kg	41.600kg	Mechanical	5-9-00
28/09/00	01h35m	5.600kg	41.600kg	Mechanical	6-9-00
"/""/""	" ""	78.800kg	41.600kg	Mechanical	6-9-00
11/10/00	22h40m	41.500kg	42kg	Mechanical	1-10-00
15/10/00	02h20m	6.100kg	42kg	Mechanical	2-10-00
16/10/00	03h10m	5.200kg	42kg	Mechanical	3-10-00
17/10/00	00h25m	5.900kg	42kg	Mechanical	4-10-00
18/10/00	05h10m	3.800kg	42kg	Mechanical	5-10-00
23/10/00	04h45m	3.600kg	42kg	Mechanical	6-10-00
27/10/00	01h40m	4.300kg	42kg	Mechanical	7-10-00
28/10/00	02h50m	5.300kg	42kg	Mechanical	8-10-00
09/11/00	01h40m	3.200kg	42kg	Mechanical	1-11-00
10/11/00	03h10m	00000kg	42kg	Mechanical	2-11-00
18/11/00	00h35m	00000kg	42kg	Mechanical	3-11-00
23/11/00	04h40m	4.300kg	42kg	Mechanical	4-11-00
27/11/00	00h10m	4.900kg	42kg	Mechanical	5-11-00
28/11/00	01h40m	4.200kg	42kg	Mechanical	6-11-00

スラヴェク・クラペルカ氏が娘の夜間の体重変化を記録したもの（データ：http://www.keelynet.com/greb/greb.htm）

夢遊病による体重変化とは異なるが、我々は、部屋の中の物体がひとりでに動き出すようなポルターガイスト現象に時折接することがある。そのような現象は、感情コントロールの難しい思春期の女の子の身の回りで発生しがちだとも言われる。

また、トリック画像も多く出回っているものの、瞑想において、体が空中浮揚する現象は古くから知られており、意識が特別な状態に達すると、我々は自らの肉体だけでなく、外部の物体の重量すら変化させうる異常をも体験する。

例えば、2011年6月にディスカバリー・チャンネルの番組『ザ・スーパーナチュラリスト』ではネパールの仏教僧が瞑想時に空中浮揚する映像を紹介している。その年配の仏教僧は、取材に来たマジシャンに空中浮揚のデモンストレーションを求められると、これはマジシャンが行うこととは異なると穏やかな表情で説明して瞑想を始める。そして、ロウソクの火に囲まれる部屋でマントラを唱える中、極めて短時間で空中浮揚を見せる。

また、1970年代にドイツのテレビジャーナリストのラルフ・オールソン（Ralf Ohlson）氏がアフリカのトーゴ共和国において撮影したシャーマンによる空中浮揚も有名である。そのシャーマンは、まだ明るい時間帯に空中浮揚の現場となる「乾いた砂地」に行き、棒で反時計回りに輪を描き、棒を折って天に投げ上げる。その後、意識を集中させながら描いた輪の上を反時計回りに歩く。そんな下準備を終えて、パフォーマンスが行われるのは日が沈んでからで

2011年６月29日に放映されたディスカバリー・チャンネルのドキュメンタリー番組『the supernaturalist』で紹介されたネパールの僧侶による空中浮揚

1970年代にドイツのテレビジャーナリストのラルフ・オールソンが撮影したアフリカのシャーマンによる空中浮揚

ある。人々が集まると、太鼓の演奏の中、そのシャーマンは火の輪の中に入り、意識を集中させる。そして、立ったまま両腕を伸ばして空中浮揚を行うのである。

これらはインターネットの動画サイトを通じて見ることができる。もちろん、筆者は具体的にこれら特定の例がトリックなしの映像なのかどうかは知らない。特に、アフリカのシャーマンが最後に落下するシーンには気になるところがある。だが、反重力の調査・研究を行ってきた背景から、起こり得る現象だと考えている。そして、このような「異常」の背景をひもとく鍵は「意識」にあると思われる。

異常な現象が起こる際、夢遊病者は完全に睡眠状態（夢遊性トランス状態）にある。瞑想を行う仏教僧も通常とは異なる意識に自身を導く。また、シャーマンも自身を変性意識に導いた際に体験する。三者まったく異なるアプローチではあるが、共通する点がある。それは、通常の意識ではアクセスできない向こうの領域に入り込んで、こんな異常を体験しているということである。だが、いずれの場合も中途半端な意識では駄目である。向こうの領域に、いわばチャンネルを完全に合わせて、同化する際にこのようなことが起こるのだ。

このような事実は、イエスが海の上を歩いたとされるマタイによる福音書（新約聖書第14章）における記述を思い起こさせる。興味深いのは弟子のペテロで、彼もイエスと同じように海の上を歩くことに成功するのだが、途中で怖くなった途端、体が沈み始め、溺れかけてしまうのだ。

人は空中浮揚に適した心拍数を持っている！

空中浮揚にヒトの意識が大きく関わっていることは間違いないだろう。ネパールの仏教僧のように、瞑想中に空中浮揚するケースを例にして、人体に何が起こっているのか考えてみよう。

このような体験をする人々は、瞑想を行う際にほぼ共通して宇宙や自然との一体化を意識している。心拍数を安定させながら特別な呼吸を維持する。そして、結果的に、脳波の周波数がシューマン共振（周囲の空気）と一致する現象が見られる。

もちろん、このような条件が整うと空中浮揚が可能となると言いたいわけではない。あくまでも結果的にそのようになっているというレベルであり、訓練に基づいた個人の力量に左右されるものと筆者は考えている。

筆者がこれまで空中浮揚および重力制御の謎に取り組んできた経験から、人体空中浮揚には鍵となるポイントが三つある。それは、「振動」と「同化」と「生体磁気」である。但し、そのすべてにおいて「呼吸」が極めて重要な役割を果たしている。

最初の振動に関して言えば、第一に心拍動が挙げられる。安定した心拍動を維持するためには、安定した呼吸が必要である。先に、物体の可動性を高める周波数帯の一つに1Hz前後が存在し、その重要性について言及したが、奇しくもヒトの心拍数も（毎秒）1・0〜1・6Hz程度が正常とされ、ヒトは空中浮揚を起こしうるポテンシャルを備えていると筆者は感じている。

因みに、呼吸も心臓も止まってしまったヒトの救命措置として、心臓マッサージがある。心臓マッサージは、1分間に100回ほどのペース（1・67Hz）で心臓に振動を与える。これは、のちにあらためて言及するが、物体に息を吹き込む行為だとみなすことができる。

次の同化に関して言えば、意識と身体を周囲の環境と同調させることを指すが、それを実現させるのも呼吸である。

また、生体磁気に関しては、あまり適切な言葉ではないようにも感じられ、のちに詳述するが、やはり、呼吸によって空気を体内に取り込み、それを体内で循環させた結果に基づいている（ある濃度の酸素を血液中に取り込むことは重要だが、気圧や大気電気など、他の要素を取り込むことも重要である）。

さて、「振動」、「同化」、「生体磁気」において、最初の「振動」に関しては本書でこれまでかなり議論してきた。そのため、ここではまず「同化」について触れていくことにする。

意識レベルの同化と物質レベルの同化は同じこと?

我々はプールや海で泳ぎを習得する際、最初は水を恐れ、体を重く感じる。水面で体をバタつかせては、体が沈んでゆき、水を鼻から吸い込んだり、口から飲み込んで、辛い思いをする。だが、顔や頭を水につける恐れを克服し、次第に水に慣れていくと、体をあまり重く感じなくなり、コツを摑んで泳げるようになる。このように体が軽くなったような感覚は、周囲の環境、すなわち、体を取り囲む水を受け入れ、同調することで得られると言い換えることもできるだろう。

一方、人が健康で気分が良い時、身体が軽くなったように感じる。これは、別の意味での周囲の環境、すなわち、身体を構成する無数の細胞の同調度が高くなるからではないだろうか?同調度が高ければ、体内における様々な情報のやりとりにおける抵抗が小さくなる。身体がそんな状態にあれば、血液は力強く安定的に流れ、ヒトは健康と同時に、軽さを感じるのではなかろうか?

そう考えると、周囲の環境との同調度に加え、内部環境との同調度も高めることで、相対的に体を軽くする方法があるのではないか? しかし、そうなると、同調や同化とは、密度差をなくすことと関係してくるのではなかろうか？　例えば、物体の密度を空気と同じレベルに落とすか、空気の密度を物体と同じレベルに高めることができれば、その物体は相対的に重量をなくすことになる。そんなこととどこかに接点があるのではなかろうか？

だが、おそらくほとんどの読者にとって、どう考えても不可能で、馬鹿馬鹿しいことのようにも思えてしまうに違いない。筆者もここは説明に苦慮する部分である。というのも、例えば、密度や圧力といった要素に個別に注目しても、なかなかその影響力は見えてこないからである。古代の賢人らは様々な効果を幾重にも重ねることでその効果を得てきた。目先のテーマだけでなく、既に触れてきたこと、あるいは、これから後に触れることもすべてあわせて、あらためて振り返って考えて頂きたいと思う。おそらく、本書を一度読んだだけではすぐには理解に至らないものと想像するが、将来的に、理解に至った際に、確かに筆者がそのようなことを語っていたのだと思い出して頂く程度でも致し方ないとも思うところである。

ここでは、読者への謎かけの面もいくらかあるものの、のちに触れていくことへの理解に役立つはずとの思いから、誤解を恐れず、あえて馬鹿者の発想と受け止められるような話を展開する。

では、同化について、もう少し具体的に考えてみよう。

例えば、膨らんだ風船を水面上に載せてみる。風船は水と同化することはなく、水の上に浮いたままである。だが、スポンジを水面上に載せてみると、次第にスポンジは水を吸って水と同化しようとする。但し、水を吸ったあとのスポンジの密度が水よりも十分に大きければ、底に沈んでしまい、同化のレベルを超えてしまう。また、水を吸っても密度が小さければ、完全な同化には至らないと言えるかもしれない。

次に深海魚について考えてみよう。深海魚は、深海の水圧の高い水と同化している。もし深海魚を水面レベルまで釣り上げれば、その深海魚は体調を崩す。鰾（浮き袋）で体を膨らませるだけでなく、口から吐き出した状態になることも珍しくない。深海魚は深海の水と同化しているのであり、水深の浅い水とは同化していないのである。

実は、我々人間も深海魚と同じ状況にある。我々は大気という海の底で暮らしており、空気圧の高い環境と同化している。そのため、釣り上げられた深海魚のように、突然、標高の高い所に行ってしまえば、その環境、すなわち、高所の空気と同調することができず、高山病になる。

もし深海魚が水面付近の水と同化できれば、健康なまま水面近くで過ごすことができるだろう。人間も高所の空気と同化することができれば、健康なまま高所で過ごすことができる。

もちろん、我々の肺は魚の鰾とは異なり、どんなに空気を吸い込んで膨らませても、体を浮き上がらせることはできない。

だが、結果の状態、つまり、上空の軽い空気と同化して、周囲よりもわずかに密度を落とすことができれば、空中浮揚を補助する何かが起こるのではなかろうか？

これは、ある意味では、一流のスポーツ選手が当たり前のように採用しているイメージ・トレーニングの効果と比肩できるように思われる。

我々は何か目標を立て、それを実現する際には、結果の状態をリアルにイメージできるようにすることが重要だと知っている。何の練習も予備知識もない状態では、途中段階すらイメージできず、結果の状態などリアルにイメージできるはずもない。そのため、目標実現は難しい。だが、日頃練習を重ねていて、あともう一歩というレベルにまで到達している人であれば、目標実現をリアルにイメージできるようになる。

例えば、オリンピックの水泳で金メダルを取ると考える。どのような会場・雰囲気の場において、どのような心身の状態で、最初から最後まで具体的に体の各部分をどのように動かし、どのようなタイムで泳ぎ切るのか、極めて詳細かつリアルに繰り返し思い描くことができるようになれば、それは確信となり、結果として伴ってくる。

詳細をリアルに思い描くことができるという状態は、結果の状態と同化することに等しい。思い描く結果の状態と完全に同化できるようになれば、その瞬間、その結果の前と後の違いが消えて、目標は実現するのである。

結果の状態をその場の空気感・臨場感といった詳細なレベルまで思い描き、そこに焦点を合わせ、その世界に同化する（移動先の空気感と同化する）と変化が起こる。

これは空中浮揚の実現にも対応すると思われる。スポーツ選手にとって、身体的な技術力を高めることは最低限必要とされる重要事項ではあるが、それに加えて、到着地点と同化できるだけの意志・意識の力が要求される。つまり、ここでは、後者の部分にのみ注目したことになる。もちろん、前者の部分は、呼吸法を柱とした瞑想の訓練にある。

今ここで触れた考察のいくらかは、筆者の初期の推論に基づいており、正直、再検討が必要だが、決して無意味なものではなかったことを含め、のちに補足修正していくことにする。

「火の輪」と「呼吸」による同化

ここで、先に紹介した人体空中浮揚の例を再び思い出して頂きたい。ネパールの仏教僧が瞑想中に行った空中浮揚と、アフリカのシャーマンが変性意識下で行った空中浮揚においては（夢遊病者の体重低減現象も当てはまる）、共通して「完全に向こうの領域に入り込む」＝「同化する」ということが重要であった。だが、その他に外見的に何か共通点を発見しなかっただろうか？

空中浮揚する僧侶やシャーマンの足元周囲には、奇しくも「火の輪」が存在したのである。また、乾いた砂地か石の上で行われた。一方はアジアで、もう一方はアフリカである。

もちろん、筆者はこれらのパフォーマンスにトリックがあったと言いたいわけではない。また、空中浮揚を行う本人もそのように考えていないはずである。例えば、火（炎）は神聖なもので、周囲から悪いエネルギーの侵入を防いだり、場を清めるためであるなど、代々先人から聞き、教わってきたことを慣習として守ってきただけだと思われる。

だが、火の輪に加え、乾いた砂や石の上で行われるなど、空中浮揚を実現させるために、二重にも三重にも補助的な助けを得ていたことが分かる。これは、自転車を乗れるようになるまでに使われる補助輪のようなものと言える。人は補助輪なしでも自転車に乗れるが、あればとっかかりとなるだけでなく、不安を打ち負かし、やりやすくなる。

では、火の輪がどんな効果を及ぼすのだろうか？　おそらく、誰でもすぐに思い浮かぶのは上昇気流の発生だろう。だが、上昇気流の発生によって、風船のような軽い物体を飛ばすことができるとしても、重い人体を浮揚させることはあり得ないように思われる。

筆者が注目したことは、むしろ、目標に意識を向け、結果（の環境）と同化させる補助的な手段としての有効性である。まずここで注目すべきことは、火の輪の中で呼吸することなのではあるまいか？

その説明のために、「浮沈子（ふちんし）」を例に挙げることにしたい。簡単でお馴染みのものは、魚の形をしたお弁当用の醬油入れを使ったものだろう。その醬油入れに水を少し入れ、キャップを閉めて利用するが、キャップの先には小さな穴を開けて、わずかに水が出入りできるようにしておく。また、キャップの部分は常に下向きになるよう、少し重くしておく。そして、その醬油入れをペットボトルに入れ、水をいっぱい入れて閉じる。ここで、魚形の醬油入れがギリギリ浮くように調整しておく。

そのようにして、ペットボトルを握ってみると、魚は沈んでいき、手を緩めると浮き上がる。これは、ペットボトル内の水圧が高まると、醬油入れの口から水が浸入し、中の空気が圧縮されるためである。醬油入れの密度は上がるので、下に沈み、手を緩めると、浮き上がって元に戻るのだ。

なぜこんな例に触れたのかと言えば、火の輪は、輪の内部の空気を暖め、上昇気流を発生させるため、低気圧と同じ状態を生み出すからである。暖められた軽い空気のある火の輪の内部は、周囲の圧力の高い空気を呼び込む。つまり、ペットボトルの握りを緩めた状態となるのである。余談だが、アフリカのトーゴ共和国（北半球）のシャーマンが行った空中浮揚前の儀式では、地面に反時計回り（低気圧の回転方向）に輪を描き、そこに火の輪を作っていたことは興味深い。

重要なことは二つある。その一つは、圧力差による浮揚力ではなく、暖められて軽く、圧力の低い空気のような流体を呼吸等で体内に取り込むことである。別な言い方をすれば、結果の状態への同化である。

空中浮揚が起こった結果の場所は、地表よりも高い所、すなわち、空気圧がより低く、軽い空気が存在する所である。既に述べたように、結果の環境に同化することが、変化を起こす陰の原動力となるのである。そして、上空の環境と同じ情報が詰まった空気を呼吸で体内に取り込む事実も無視できない。我々が呼吸を通じて取り込んだ酸素は血液に入り込み、体内を循環するからである。ただ、我々は呼吸で酸素のみ選択的に取り込めるわけではない。窒素や二酸化炭素等の他の成分だけでなく、気圧や大気電気など、もっと幅広い情報をも体内に取り込んでいる。

無生物の場合は「振動」が必要

呼吸とは、現象面に注目すると、外界とのやりとりによって周囲の環境と同化することを意味する。我々生物は呼吸による同化なくして健康に生きられないのである。

だが、同時に異なる視点も必要である。例えば、樹木が根から水を吸い上げるメカニズムが

低気圧のモデル　図：松江地方気象台ウェブサイト http://www.jma-net.go.jp/matsue/chisiki/column/yougo/hplp.html

参考になるだろう。そこには、浸透圧と凝集力（表面張力）が関わっている。樹木は葉の茂る高所に至るほど樹液の濃度を高めていくが、半透膜を介して、濃度の低い方が濃度の高い方へと浸入し、平衡状態を得ようとするのである。また、水は表面張力を生み出すように、互いに引っ張り合う性質を持っている。そんな凝集力を利用して、大地から水は引き上げられる。そのため、道管に空気が入り込んでしまえば、水を引き上げる力は弱まる。つまり、ある種の真空状態が求められるのだ。真空状態が存在すると、周囲から流体＝エネルギーを引き込む原動力が発生する。

火の輪の中においては、火によって空気（酸素）が失われ、真空が生じ、そこに周囲の空気が流れ込む。ヒトは呼吸を介してそれと同調し、利用していると言えるのかもしれない。いや、むしろヒトの方が真空を生み出し、周囲からエネルギーを引き込み、空中浮揚状態では、上空で平衡状態になると考えるアプローチもあるかもしれない。その可能性ともう一つの重要なことはのちに触れることにする。

ここで、無生物の物体が空中浮揚する際にも呼吸は必要なのだろうか？　その答えはYESである。そもそも物体がはじめから呼吸に適した素材と構造から成り立っている場合もあるが、ほとんどの場合、特別な物体を選んで呼吸を促すことが求められる。その呼吸とは、もちろん、振動である。

一般的に、物体は振動を与えられると、その物体を構成する粒子はその結合力を緩め、粒子間に間隙を生み出し、外界とのやり取りを増やす。物体を崩壊させることなく、呼吸（自律的振動）を促すことができるのが、特別な周波数（振動数）なのである。

ここまで、いわば、スポーツ選手のイメージ・トレーニングの部分（ゴール地点と同化できるだけの意志・意識の力）に注目してきた。次章で身体的な技術力に関しても考察していくが、その前に、無視できない環境条件について触れておくことにしたい。

紙の上を歩いた山伏

筆者は2015年夏に空中浮揚の謎を解く大きな手掛かりを得て以降、様々なアイディアが次々と舞い降り、頭の中でその整理に追われていた。そんな時、筆者に貴重な情報がもたらされた。

本書執筆中の2015年11月29日、東京は飯田橋にあるヒカルランドパーク（出版社ヒカルランドのセミナールーム）において、筆者は元公安刑事の北芝健氏と対談講演を行った。その時、筆者は声を逆再生すると発言者の深層意識がリバース・スピーチとして聞こえてくる現象だけでなく、声の周波数を分析することで発言者の健康状態が分かることに触れた（拙著『リバース・スピーチ』［学研マーケティング］参照）。また、意識をコントロールすることで、呼吸、心拍数、そして、人体の周波数をも調整でき、それによって稀に体重の変化、究極的には空中浮揚すら起こり得る点についても触れた（本書でも紹介した）。

そんな対談の最中、タイムリーなことに、北芝氏は次のような興味深いエピソードを語ってくれたのである。

静岡県のとある寺に、川田先生と呼ばれている修験道の山伏がいて、北芝氏は個人的に親交があったという。ある時、北芝氏は川田先生の下で、火渡りの修行に参加した。その火渡りは、一般参加者向けの配慮で、ほとんど消えかかった炭の上で行われるようなものではなく、炎が50センチほどの高さまで激しく上がる中、距離にして6メートルほどを歩く過酷な修行であった。恐れを抱きながら行ってしまえば大やけどを負う。まさに精神統一が必要な真剣勝負であった。

実際のところ、皮膚の移植手術を受けるほど大やけどを負った参加者が何人も出たというが、幸い、北芝氏はまったくやけどを負うことはなかった。足の裏の状態に特別な変化はなく、火渡りに成功したのだった。火渡りを前にして、まったく恐れを抱くことなく、無事に渡りきれると確信していたことが成功の所以だったと北芝氏は振り返った。

そのような体験を経て、川田先生と交流してきた北芝氏は、川田先生が74歳の頃から空中に張った紙の上を歩く訓練を行い、出会った時には何度か成功していたことを聞いた。そして、80代になると完全にそれを体得していたという。火渡りが可能であるとしたら、紙の上を歩くことも可能なのではないかということで始めたようだったが、興味を抱いた北芝氏は、詳細を聞き出すことにした。

川田先生の説明によると、紙の上を歩いたのは、山の上のお堂でのことだった。高さ60センチほどの支持体（フレーム）の上に、数メートル四方の紙が水平に張られた。紙はベージュ色で普通の和紙よりもいくらか強度のあるものが使われた。川田先生はお堂に入る前には体を洗って清めた。そして、40分ほど精神統一を行ってから、天（宇宙）と一体となるイメージを持って、数メートルの紙の上を一往復歩いたという。

川田先生はがっちりとした体格で、身長170－175センチほど、体重は78キロあった。様々な時間帯で繰り返し試してみたが、日中ではどうしても紙が破れてうまくいかなかった。

だが、照明を落とした真夜中、午前1時から2時頃の時間帯では歩くことができたという。天気にはあまり影響を受けなかったものの、比較的寒く乾燥した時期の方がやり易かったようである。というのも、紙の上を滑ることが重要なようで、足袋をはけば、夏の湿度の高い時でも支障はなく、支持体に張られた紙の張力を利用して歩けたとのことだった。

残念ながら、川田先生は10年ほど前に80代半ばで他界してしまっており、もはやその詳細を知りえない。右記は筆者が対談後にあらためて北芝氏から詳細を聞き出し、補足したものである。

夜の側の力と昼の側の力

筆者はこの話を聞いて、川田先生が発揮した力は、先に紹介した人体空中浮揚の例と同様、基本的に先生自身が訓練で体得した意識に基づいていたと感じており、何か背後にトリックがあったとは考えていない。だが、様々な試行錯誤の結果、実現し得る術を見つけ出した経緯を考えると、本人は気づかなくとも、川田先生の力を補助する何らかの条件が揃って成功していたのだと筆者は考えた。というのも、紙なしでそのまま宙を歩くことはできなかったとも聞いたからだ。

そして、1週間ほど費やして考えてみたところ、重要なことが次第に明らかとなっていった。最初に注目した点は、寒く乾燥した時期の方が適していて、足袋と紙との間に乾燥した状態が必要だったということである。これは、もちろん、静電気を生み出しやすいという条件に当てはまる。次に注目したのは、紙が周囲の支持体、つまり、フレームに張られることで、中央部分では、いわば椀状に弛みが生じると思われることである。この椀状の弛みの上で足を滑らせ、静電気を発生させることに意味があるのではなかろうか？　というのも、椀状石の表面に圧電効果で電気が発生することに対応するからである。

そして、昼間では不可能で、夜中にできたという事実も興味深い。

実のところ、人体が空中浮揚するケースのほとんどが夜間である。先に、夢遊病者の体重が軽くなるケースを紹介したが、昼間睡眠中に徘徊し、体重が減じた例は少なくとも筆者は聞いたことがない。また、アフリカのシャーマンが変性意識状態に入って行われた空中浮揚も、日没後が選ばれていた。

日中、我々が受ける波動には大きく分けて三つある。一つ目は、地磁気のような地球が発する波動である。二つ目は太陽から放射される様々な波長の電磁波及び磁気エネルギーである。地球は磁気圏と呼ばれる磁気シールドによって有害な放射線から守られているが、太陽からの太陽風によって磁気的に強い影響を受けている。大規模な太陽フレアが発生すると、磁気嵐が

地球は磁気圏によって太陽風から守られている

発生し、電力施設や通信に障害を起こすことからも分かるだろう。三つ目は太陽系外からの放射線（銀河宇宙線）である。他にも、シューマン共振を伝える大気や、宇宙空間自体（エーテル）等も波動を伝えるものとして考慮する必要があるかもしれない。

一方、夜間において我々は太陽からの電磁波や磁気エネルギーを直接浴びずに済む。月からの反射光の影響が加わると考えても、太陽から降り注ぐ電磁波や磁気エネルギーが大幅にカットされる意味は大きい。日中と比べると、夜間に飛び交う波動が生み出す干渉パターンは相対的にシンプルになり、空中浮揚を行うには夜間の方が楽なのかもしれない。

より具体的に言えば、太陽に面した昼間の側の地球は太陽風を浴びて磁気圏を言わば圧縮させる一方、太陽とは面することのない夜間の側の地球ではその影響を免れ、本来の磁気力が現れる（または増強さ

Riding a Flying Carpet, an 1880 painting by Viktor Vasnetsov

れる）と考えられ、おそらく空中浮揚においては、地球が有するその磁気力が利用されていると思われる。

因みに、エドワード・リーズカルニンは、日中は太陽から過剰なマグネットを受け取り、地上での磁気力（空中浮揚に関わる）に大きな影響を及ぼすことを主張していたことは興味深い。

また、眠れる予言者と呼ばれたエドガー・ケイシー（１８７７－１９４５）は、かつてアトランティス人は「生命の夜の側」の力を応用する神秘を理解していたと語っていた。その力とは、昼間は太陽風の影響で阻害される地球の磁気力、または太陽光による干渉なしに銀河から降り注ぐ宇宙線から得られるエネルギーのことを指し示していて、彼らは重力をコントロールできたということを意味するのではないかと思われる。

そして、もう一つ気づいたことがある。それは、川田先生が使用した紙がただの白い和紙ではなかったことである。何か塗り込まれて厚みと強度を増していたようで、ベージュ色をしていたということだった。

読者もお気づきと思われるが、これは、まさしく「魔法のパピルス」だと言えるのではなかろうか？　「魔法のパピルス」は、「魔法の絨毯」の元になったのではないかと推測するが、川田先生は試行錯誤の中、独自に空中浮揚の秘訣を発見し、和製「魔法のパピルス」を作り出すことに成功していたことになろう。既に他界していて、取材が不可能なことが残念でならない。

＊＊＊＊＊＊＊＊＊＊＊＊＊＊＊＊＊＊＊＊＊＊＊＊＊＊＊＊＊＊

空中浮揚とフレミングの左手の法則？

人体空中浮揚においては、その影響力についてあまり意識する必要性はないと思われるが、様々な実験の際に考慮すべきことに電流の向きがある。過去の発明家や研究者が反重力の実験を行った際、良好な結果を得た多くの場合、電流を東西方向に流していた。なぜなのだろうか？

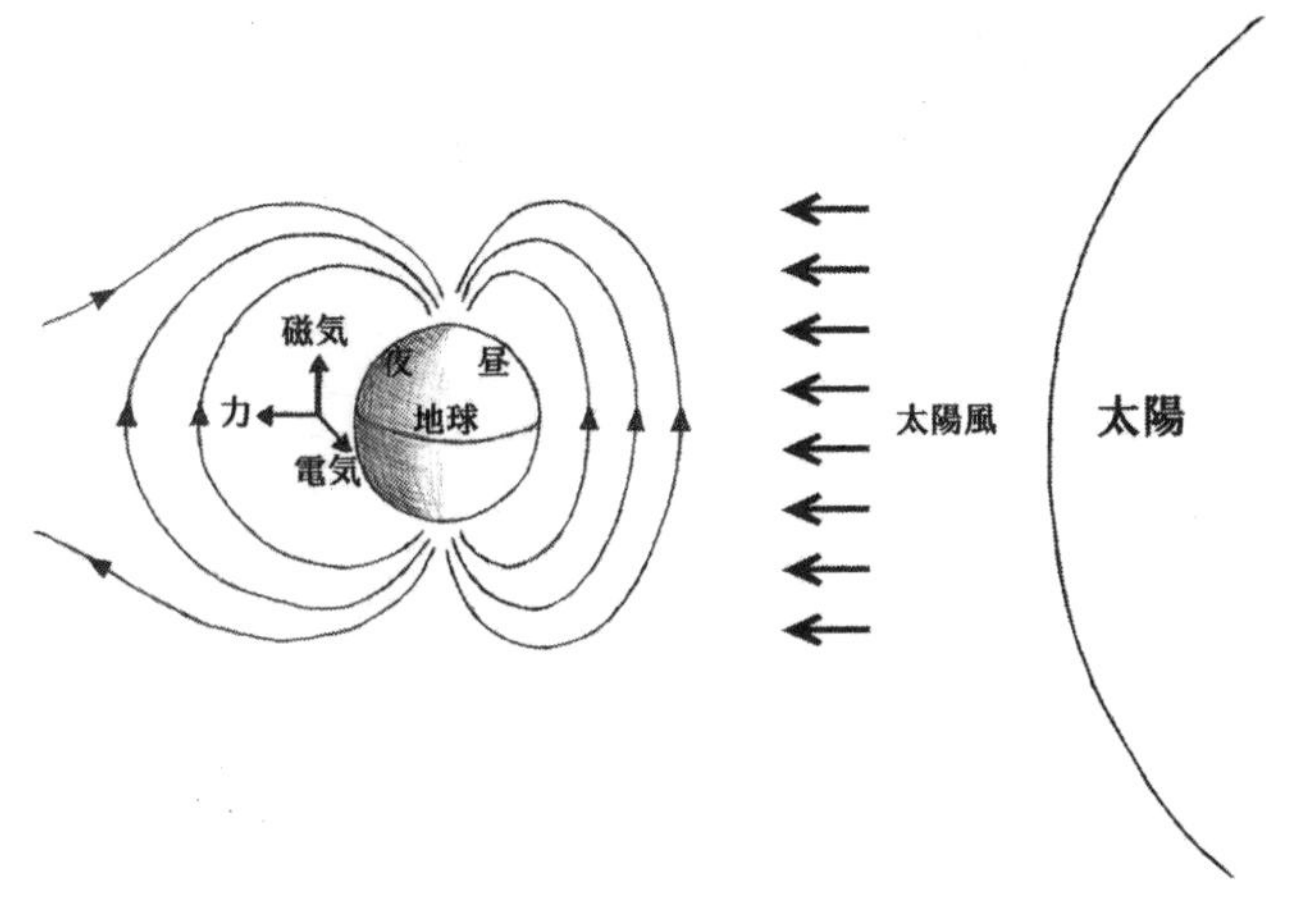

太陽と地磁気の関係から空中浮揚は夜間に有利に働くのか？（フレミングの左手の法則により、電気は東向きに流す）

我々が中学生の時、理科の電磁誘導のところで「フレミングの左手の法則」を学んだ。中指の指す方向が電気の流れる方向、人さし指の指す方向が磁気の方向、親指の指す方向が力の及ぶ方向に対応する。

先ほど、昼夜によって人体空中浮揚に差が現れる背景には、地球の磁気圏と太陽風の干渉が関係している可能性について言及したが、その際、地球と太陽の位置関係にも注目してみた。そこで、地球の夜の側の地表において、電気、磁気、力がそれぞれどのように及ぶのかを考えてみると、まるでフレミングの左手の法則が適用されるかのような関係性が見て取れる。

地球は磁石となっており、南極のN極から北極のS極へと磁力線が伸びているとみなせる。上図においてその方向性は上向きである。ここで、物体をコイルのようなものだと仮定して、西から東の方向に電気を流すと、電磁誘導の作用で力は垂直上向きとなるのである。

電磁誘導によって生み出される力は単独では微々たるものであるのに加え、今や地球の磁気は衰えつつある。また、緯度・経度といった地理的な条件や、地下に及ぶ周囲の地質的な条件も揃わない限りは、大きな力は発揮されないようにも思われる。

だが、古代の賢人らは様々な要素を幾重にも組み合わせて初めて発揮される効果に加え、のちに説明するが、太陽光によって石を充電ならぬ、充磁して得られる効果を利用してきた可能性を考えると、条件の揃った場所においては、空中浮揚の助けとなっていたのではないかと思われる。

尚、カウスキー博士とフロスト技師が行った石英の空中浮揚実験においては、石英の結晶の向きと静電場の向きとの関係性が重要であったが、東西方向も意識することで実験の反復性をさらに評価できた可能性もあるかもしれない。

＊＊＊＊＊＊＊＊＊＊＊＊＊＊＊＊＊＊＊＊＊＊

第六章

反重力への解答と理論的考察／驚くべき未来があなたにやって来る！

人体に流れる電気が空中浮揚を可能にする？

先に、瞑想と呼吸法を鍛えた人々が行う空中浮揚と、スポーツ選手が発揮する超人的な能力を比較して考え、イメージ・トレーニングの部分に注目してみた。これからは、訓練によって磨いてきた能力について注目していきたい。空中浮揚を行う人々が磨いてきた能力とは、意識の側面を離れれば、主に呼吸に関わるものであり、人体自体のポテンシャルがターゲットになる。

空中浮揚には電気や磁気が関わっている。これは、筆者には直感的に感じられたものの、過去の様々な事例を見ていく中で、具体的にどのように関わっているのかを見極めることは難しかった。それは、電気や磁気が目に見えるものではないことが大きな要因であるとともに、科学という学問領域が細分化され、参考とすべき資料が極めて少ないこともその理由と思われる。物理学者は人体のことはほとんど研究せず、医学者も人体内での電磁気現象を研究することは稀である。

だが、物体の空中浮揚は人体の空中浮揚と比較できる。それは筆者の直感だった。そこで、筆者は人体内部に電界や磁界が生まれることに注目した。これは空中浮揚する物体の外部環境だけでなく、内部環境も同様に重要であるという筆者の理解から自ずと導かれるアプローチである。

人体には電気が流れ、複雑な回路が存在している。神経は電気的な信号を伝え、必要な時に必要な判断を下すのに役立っているが、常時安定的に一定の電気を流し、伝えているのは血管で、いわばその導線によって形成される複雑な回路が血管系であると言える。

血管系には、心臓からの血液を体中に送る体循環と、酸素を吸収し、二酸化炭素を吐き出す肺を回る肺循環があり、これらが人体空中浮揚に関係すると思われる。

特に、体循環に注目してみると、動脈という太い導線を伝わった電気は、体の各部分に到達する際には、導線の太さを細くして、血液の流速を落とし、毛細血管を通り、そこで、折り返して、今度は静脈として導線の太さを太くしながら心臓に戻ってくる。例えば、血液が動脈を通って心臓から下方に流れる際、見下ろせば、動脈の周囲で右回りの磁界を生み出すが、毛細血管を折り返して静脈に戻ってくると、左回りの磁界を生み出すことになる（右ネジの法則）。

医学的には証明されていないが、おそらく、動脈内部において血液は一定の方向に螺旋回転しながら流れてゆき、毛細血管で回転を止めて折り返すと、静脈においては螺旋の回転方向を反転させて血液は心臓に戻ってくるのではなかろうか。

ヒトは生体磁気を持っており、それは微弱であるが、チャクラ・ツボで検出される。既に紹

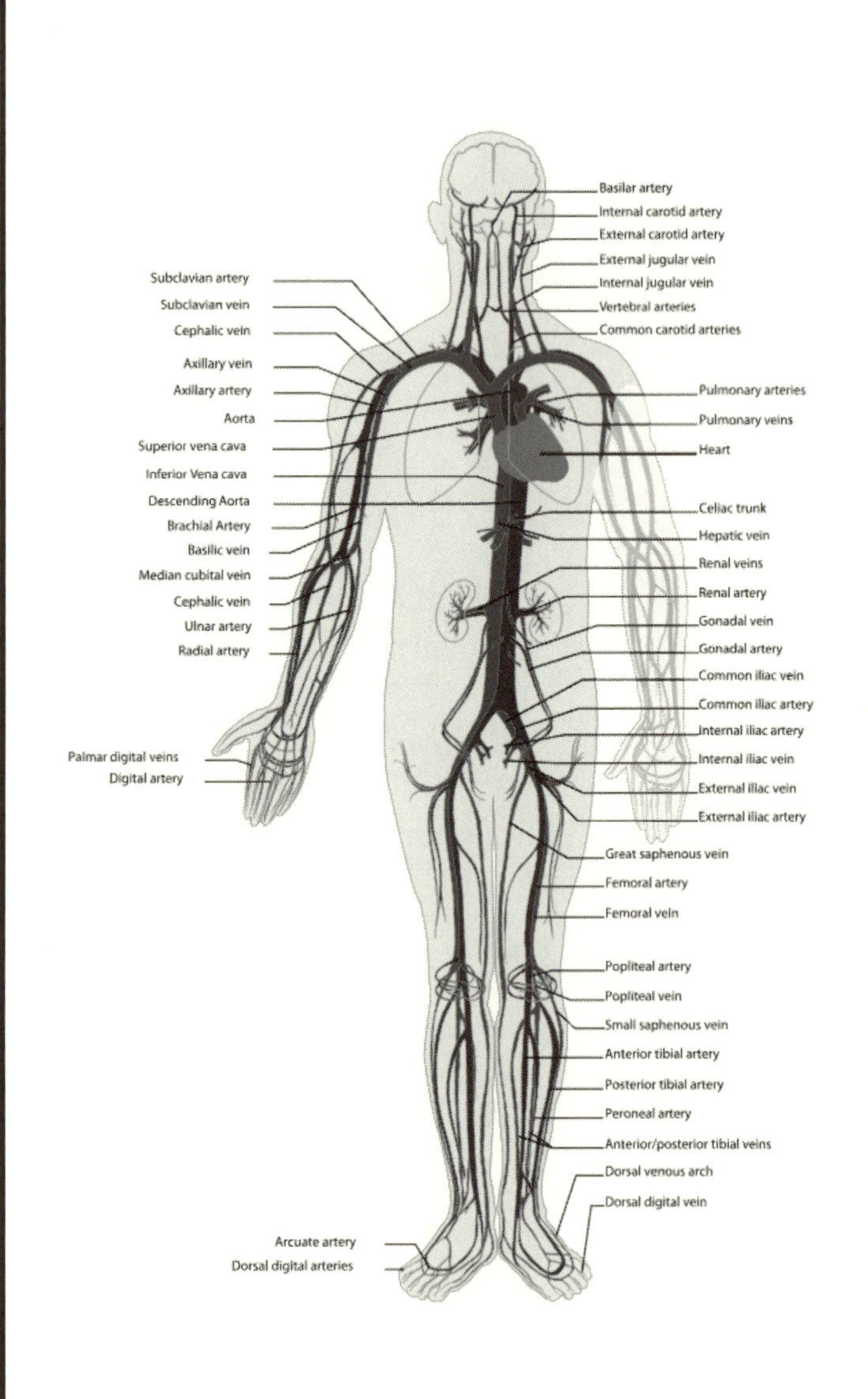
Basilar artery
Internal carotid artery
External carotid artery
External jugular vein
Internal jugular vein
Vertebral arteries
Common carotid arteries
Subclavian artery
Subclavian vein
Cephalic vein
Axillary vein
Axillary artery
Aorta
Superior vena cava
Inferior Vena cava
Descending Aorta
Brachial Artery
Basilic vein
Median cubital vein
Cephalic vein
Ulnar artery
Radial artery
Pulmonary arteries
Pulmonary veins
Heart
Celiac trunk
Hepatic vein
Renal veins
Renal artery
Gonadal vein
Gonadal artery
Common iliac vein
Common iliac artery
Internal iliac artery
Internal iliac vein
External iliac vein
External iliac artery
Palmar digital veins
Digital artery
Great saphenous vein
Femoral artery
Femoral vein
Popliteal artery
Popliteal vein
Small saphenous vein
Anterior tibial artery
Posterior tibial artery
Peroneal artery
Anterior/posterior tibial veins
Dorsal venous arch
Dorsal digital vein
Arcuate artery
Dorsal digital arteries

ヒトの主な血管

介したように、キャラハン博士が作ったラウンドタワー感知器でもそれは確認される。太い動脈から毛細血管へと血管は細くなると、血液の流速は落ちていくが、折り返し地点の毛細血管が集中するエリアにおいては、ある種のエネルギー放出現象が見られる。呼吸によって肺で取り込まれた酸素が、血液中に取り込まれ、血管系を循環した背景を考えると、そのエネルギーの質の一部は呼吸が決定し、残りの要素は血液を生み出す食事の質で決まってくると言えるのかもしれない。この一連のサイクルは極めて重要である。

人は指先からエネルギーを放出する

ヴィクトル・シャウベルガーは、自然の川の流れを観察して、水が螺旋回転しながら流れることに気づいた。川の流れがカーブするところでは、水の勢いが強く、外側の川岸を削り、崖を生み出しやすい。右から左にカーブする時と、左から右にカーブする時とでは、螺旋の回転方向が逆になる。また、カーブとカーブの間の水深が浅くなったエリアにおいては、流速が穏やかとなり、螺旋回転は止まると同時に反転する。

川の水はカーブにおいて勢いがあるため、川岸から土を削り取り、土壌中のミネラル分を取り込むが、カーブとカーブの間の水深が浅くなったエリアにおいては、勢いは衰え、取り込ん

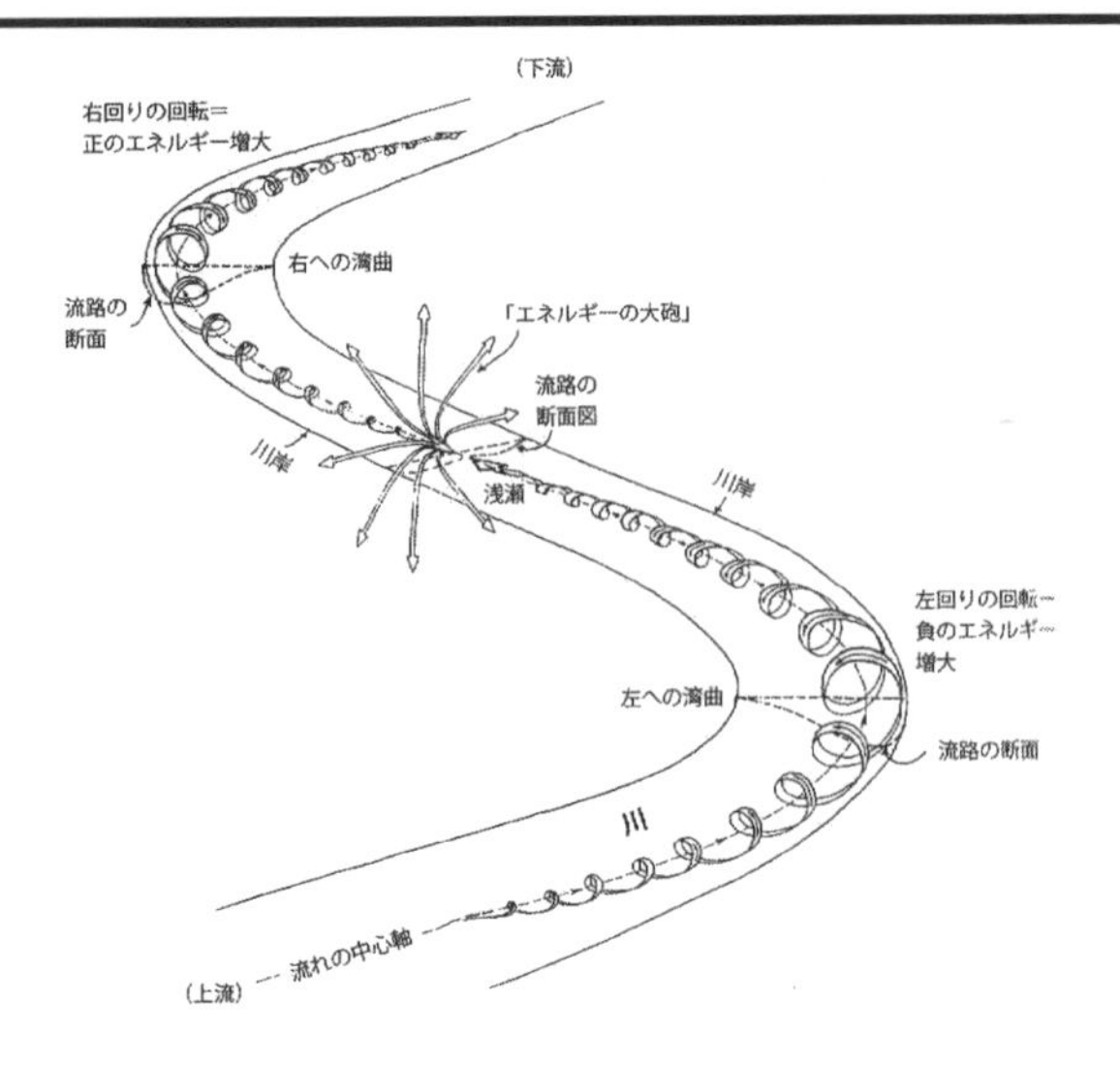

アリック・バーソロミュー著『自然は脈動する』（日本教文社）P193より

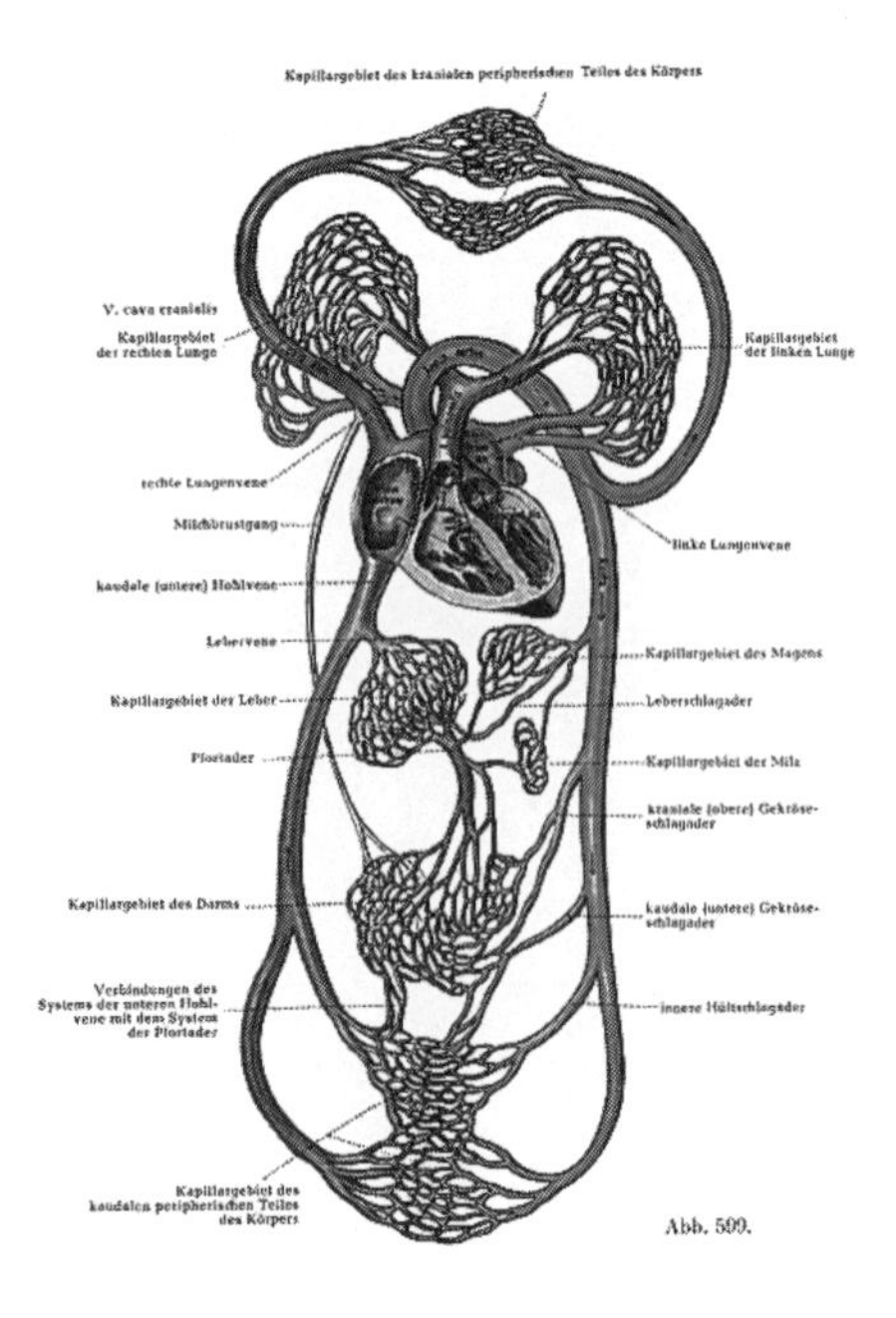

だミネラル分を放出する。もし汚染のない川であれば、その周辺エリアの土地を肥沃にしていく。

シャウベルガーは、水深が浅くなったそんなエリアでエネルギーが放出されることから、水流の螺旋回転が反転する場所を「エネルギーの大砲」と呼んだ。そして、この一連のサイクルを応用して、内破エンジンを作り出し、永久機関・反重力装置の開発に役立てたのである。

既に読者もお気づきのように、人体にもこれと同じ構造がある。それが血管系である。川の水流が速い場所は、動脈や静脈に相当し、水深の浅く、水流の穏やかなところが毛細血管に相当する。つまり、人体は永久機関となっており、汚染なく、十分な栄養があれば、半永久的に機能し続けるポテンシャルがあることを意味する。

実は、先細りしていく構造は、その先端部分で放電現象のように、エネルギーを放出しやすいという特性がある。例えば、手の指先は外形的に先細りしているだけでなく、毛細血管が集中する場所でもあるため、気功師が指先から気というエネルギーを発しやすい構造になっている。

磁気スピンが重力を打ち消す？

心臓から出た血液は、「動脈⇓毛細血管⇓静脈」というサイクルで体を循環するように、自然の川は半永久的な命を持っているかのように、同じメカニズムで蛇行を繰り返して大地を潤す。川の水は最終的に海へと達し、海に達した水は温められ、水蒸気に姿を変えて上空に上ると、いずれ風を受け、山に雨を降らし、地球に水循環をもたらす。実は、このサイクルも、シャウベルガーが設計した内破エンジンの設計図と同じである。

自然界を眺めると、様々な共通点を見出すことができる。これが本書執筆の出発点であった。さて、こんな一連のサイクルは、永久磁石においても見出すことができる。棒磁石を利用すると分かり易いが、N極とS極の中間地点においては、磁力が打ち消される領域が存在するのである。これを確認するためには、磁石にくっつく軽い釘、あるいは、ピンのようなものの頭の部分を指で持ち、先端部を棒磁石の表面に接触させるようにN極からS極まで動かしていく。そうすると、ちょうどN極とS極の中間地点において、引っ張られる感覚がなくなる領域が現れるのだ。そこがブロッホ壁と呼ばれる、磁力が打ち消される領域である。

棒磁石の内部では、N極からの磁力線が螺旋回転しながらブロッホ壁の領域へと向かい、そこで8の字を描くようにして、回転方向が逆転し、S極へと向かう。端のN極、S極では強い磁気力を発するため、川の流れと比較すれば、水流の強いカーブ地点に相当する。右へのカーブと左へのカーブの違いは、回転（スピン）方向が異なるN極とS極に相当する。また、磁力を打ち消し、回転（スピン）を反転させるブロッホ壁は、エネルギーの大砲に相当し、エネル

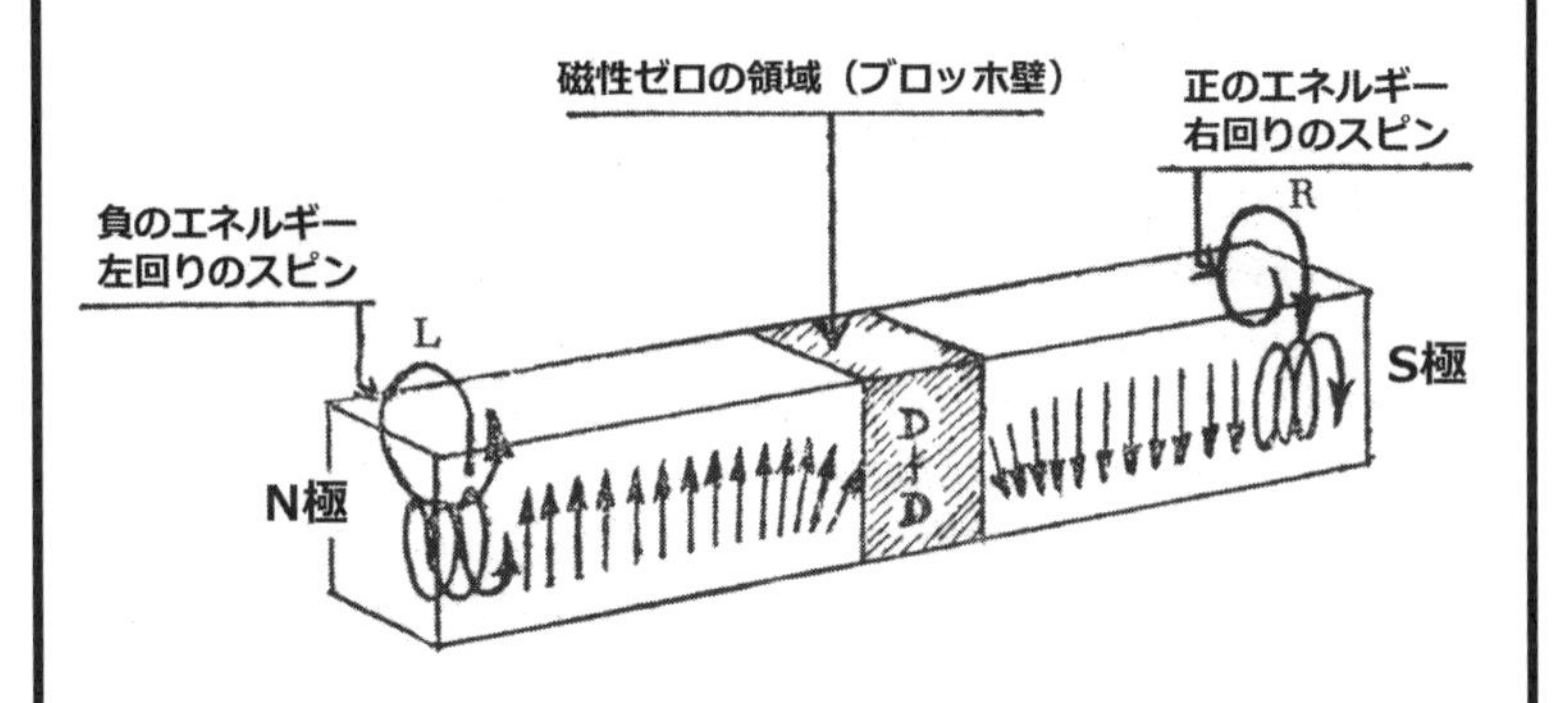
磁性ゼロの領域（ブロッホ壁）
正のエネルギー
右回りのスピン
負のエネルギー
左回りのスピン
L
R
S極
N極

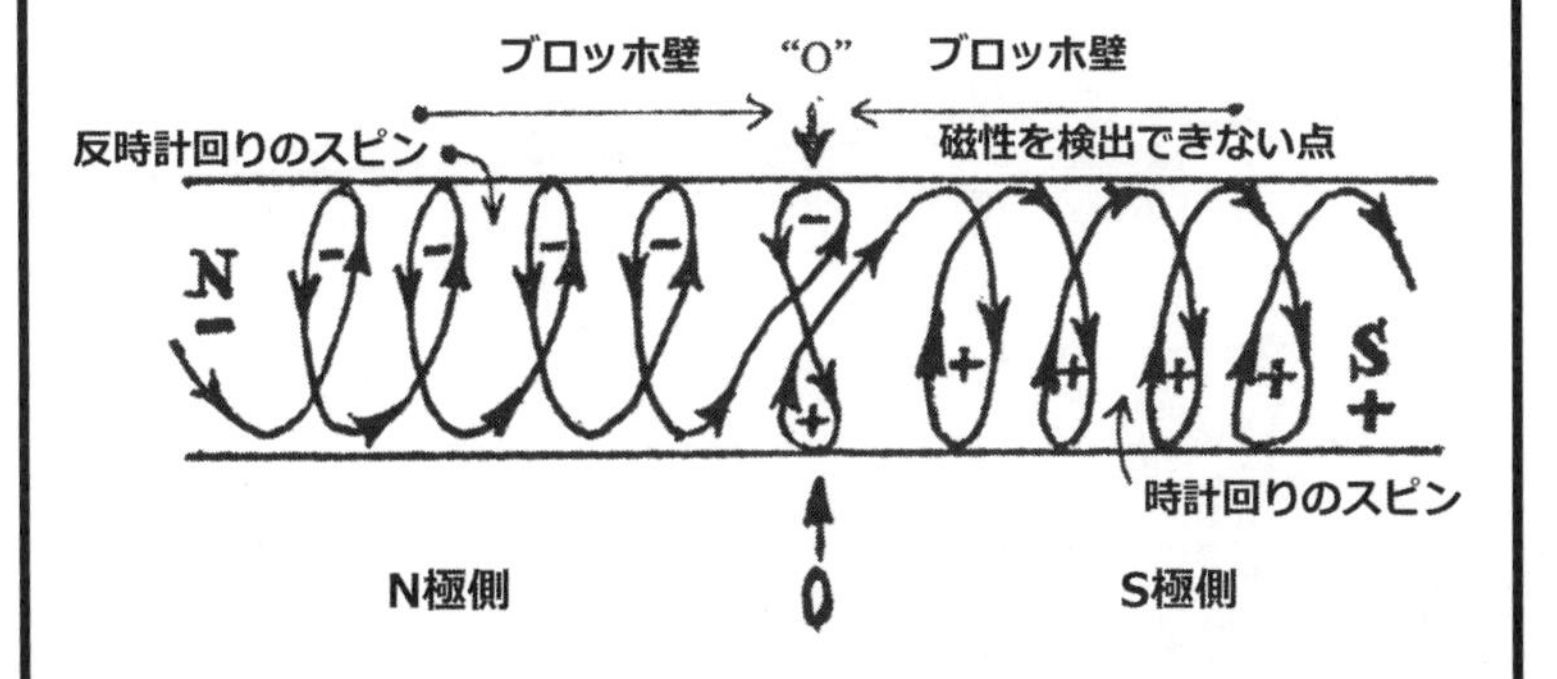
ブロッホ壁
“O”
ブロッホ壁
反時計回りのスピン
磁性を検出できない点
N
S
時計回りのスピン
N極側
S極側

ギーの放出点になる。いわゆるゼロ磁場である。

また、興味深いことに、ブロッホ壁は、見た目は静止しているように見えるが、高エネルギーの定常波の節の部分に相当し、N極／S極側は、逆方向に振幅する定常波の腹（山と谷）の部分に相当する。

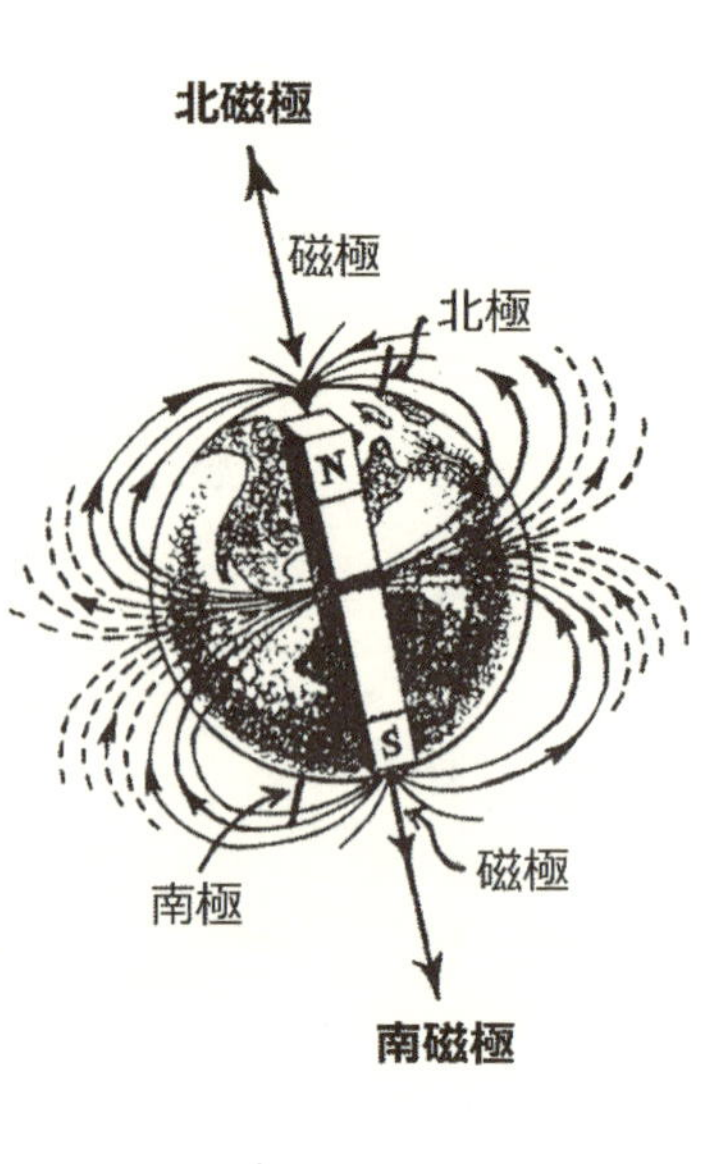

さらに言えば、地球は磁石となっている。アルバート・ロイ・デイヴィス（1915－1984）の概念図を使って説明すれば、赤道付近がブロッホ壁となる。そして、地球は磁気という波によって常に振動しており、地球の中心点はその定常波の節の部分に載っている。つまり、地球は定常波の節に載って、宇宙の奏でる和音（波動）を浴びて、宇宙空間の中で空中浮揚しているのである。そして、地球は人体同様に永久機関になっているのである。

さて、ブロッホ壁の領域では磁気の影響力が互いに打ち消されるため、空中浮揚現象を起こしやすい領域になりえるはずである。

だが、地球の赤道付近で磁力が激減することはないはずだと思われる読者も多いに違いない。

確かにその通りで、赤道付近では遠心力が最大となることもあり、重力はわずかに減少するものの、地球という球形の惑星において、それは通用しない面もあるのかもしれない。

しかしながら、地球において、ブロッホ壁の領域が現れるのは、赤道付近よりもむしろ北回帰線や南回帰線に沿ったエリアに偏る傾向が見られるようだ。そんなライン上に連続的に特別な磁性の領域が現れるのではなく、ところどころ、磁気的に異常なエリアがポイント毎に現れる。これは、レイラインの交差点、すなわち、地球グリッドに対応すると言えるのかもしれない。

例えば、バミューダ三角地帯をはじめ、マヤやアステカの遺跡は北回帰線上にある。エジプトの三大ピラミッドは北回帰線からやや外れているが、モアイ像で有名なイースター島は南回帰線上にある。その他、赤道直下よりも、北回帰線や南回帰線に偏った領域で巨石遺構は見出され、磁気的に有利なエリアは時代ごとに少しずつ移動していった可能性も考えられる。また、地球には幾何学的に完全な対称性はなく、北磁極と南磁極を結ぶ直線が地球の中心を通らないなど、斑が多い。そのため、簡単に北回帰線、南回帰線に沿うとは言えない面もあることはご理解頂きたい。

また、地磁気は過去２００年程度を振り返ってみても、減少傾向を続けており、あと１００0年ほどでゼロに達するぐらいの勢いである。地上で巨石構造物がたくさん築かれた時代、地磁気が現在よりも強大だったとしたら、磁気力を打ち消すブロッホ壁効果は顕著に見出されたのかもしれず、現在よりもはるかに簡単に空中浮揚を実現できた可能性も考えられる。

さて、第一章の冒頭で、筆者は台湾で浮揚した巨石が撮影されたことに触れた。実は、台湾はまさに北回帰線上に位置している。北回帰線上からは外れているが、米インディアナ州で発見された樹上巨石も、磁気異常が指摘されているエリアである。

結論を言えば、これらの現象は自然現象と思われる。だが、指摘されてきたような竜巻によるものではないだろう。これまで誰も指摘してこなかったが、このような自然現象が発生する条件は、南傾斜の日当たりの良い森のあるところである。フィリップ・キャラハン博士が指摘してきたように、常磁性の岩石は太陽光を浴びて、S極成分の磁気エネルギーを蓄積する。一方、植物は葉の部分でN極成分の磁気エネルギーを蓄積する。日中に充磁して、磁気エネルギーを貯め込んだ石に、方位磁針を近づけると、充磁しなかった場合と比較して、反応が機敏になることが分かる。

おそらくは、日当たりの良い山の麓に偶然にも磁気的に相応しい向きになっていた巨石があり、十分に磁気エネルギーを貯め込んだあと、樹木の葉が生い茂るエリアへと浮かび上がったと思われる。同極同士には反発力が発生するものの、異極には引力が発生するからである。浮揚巨石が樹木よりも高く上がることがなく、枝に挟まるような現象が起こるのも、それを説明するものと思われる。磁気エネルギーを得て、浮揚力を得た石は、樹木の葉の茂るエリアまで近づくものの、次第に暗くなるか、天候の変化によって、磁気エネルギーを失っていく。それで、そっと樹上に石が挟まって残されるケースが発生するのだと想像される。

また、あらためて注目すべきは、シャウベルガーが川底から浮かび上がる石を目撃したのは満月の夜であったことである。これは、日中とは対照的に、石の磁気力に強く影響を与えるタイミングでもあった。

前章の「空中浮揚とフレミングの左手の法則？」のところで触れたが、地球の夜の側は磁気圏が圧縮されることはないが、満月の際には大潮が見られるように、月の引力でさらに磁気浮揚力が促されると思われる。そのため、空中浮揚のいくらかは、夜間、特に満月の夜に行われたと考えられる。エドワード・リーズカルニンが人目を避けて夜中に作業を行ったのには理由があったからだと言えるだろう。

そして、もちろん古代の賢者たちは、これまで本書で述べてきたいくつかのことに加え、このような石の性質をも利用してきたと考えられる。

椀状石と火の輪は電荷の発生装置?

さて、既に触れたように、理論の面ではまだ不明な部分はありながらも、筆者は空中浮揚の一部の方法に関しては大半を解明できたのではないかと考えている。必要な装置の制作や現物合わせによる微妙な調整等で数年はかかるかもしれないが、主に資金面での協力者さえ見つかれば、古代人による空中浮揚の再現は時間の問題だと感じる。これは、エネルギー革命、そして、人々の意識の変化にも繋がることになる。だが、本書においては一部の情報はあえて伏せてきた。それは、貴重な天然物を手本とした、素材と形に基づいた空洞構造効果に直接・間接的に関わる情報がメインとなるが、椀状石が有するある特質に関しても現時点では言及を見送ることとした。もちろん、一時的な保留であり、いずれ公表する。また、現時点では単に読者に適切かつ明快な説明を与えられる段階には至っていないが故に公表しない情報もある。椀状石の謎を追い求める中、次第に見えてきたことがあるのは事実だが、確認を要することも多い。またの機会にアップデートした情報を公表していきたいと考えている。

とはいえ、本書で椀状石の謎を追い求めながら、何の追加情報もなく、このまま終わりにするわけにはいかないとも思っている。

筆者の考えでは、既に触れてきたように、椀状石は様々な役割を果たし、何重にも空中浮揚をサポートしている。例えば、接触面を少なくして、振動を促す作用がある。椀状の窪みを利用して、共振現象で振動を持続・増幅させる作用がある。そして、圧電効果によって電気を発生させる作用がある。

ところで、そもそも椀状石はどのように設置されていたのだろうか？

空中浮揚させて運ぶ石をまずその上に載せねばならない。そう考えれば、椀状石は地面付近に設置されたはずである。おそらくは、採石場から建設現場までの間で、石畳の一角にはめ込まれていたのではあるまいか？

そうだとすると、少なくとも椀状石の底面だけでも地面、あるいは基礎となるような石と接して、アースされた状態だったと思われる。その状態で椀状石の上に巨石が載せられ、圧電効果が促されたと想像してみると、椀状石の底部はマイナス、上の円環部分にはプラスの電荷が発生したのではあるまいか？

プラスの電荷が円環状に発生するとしたら、思い出されることがある。アフリカのシャーマンやネパールの仏教僧が行った空中浮揚において、その周囲に円環状に火の輪が存在したこと

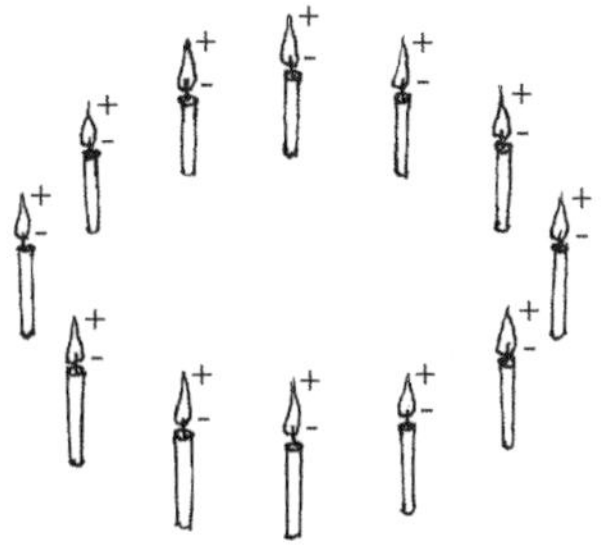

ロウソクの炎の先端はプラス、下部はマイナスに帯電

である。既に触れたように、彼らは自分たちの意識の力で空中浮揚をなし得ていたと筆者は考えているが、それでも、火の輪は補助的な役割を果たしていたと考えられる。

実は、炎には電気伝導性があり、下部がマイナス、先端部を含む大部分がプラスの電荷を帯びる。電子は下から上に伝わるのである。これは、圧電効果が椀状石に生み出す電荷の分布と同じではあるまいか？

ここで、アフリカのシャーマンやネパールの仏教僧が行った空中浮揚と、椀状石における円環状のプラス電荷が接点を持ち始めたのかもしれない。だが、椀状石における電圧の発生だけでは重力に逆らう力の生成を説明できるものではない。その背後に何か秘密があるのではなかろうか？

椀状石は「ビーフェルド・ブラウン効果」を促す？

これまで筆者は、巨石遺構にポピュラーな花崗岩を主体に、石に電気的な刺激を与える実験を行ってきた。そして、時々、石は特殊なコンデンサなのではないかと感じることがあった。特別、金属板で挟み込んだわけでもなかったが、最初のうちは電気信号が伝わるようで、しばらくすると、何の反応も得られなくなった。しかし、しばらく放置して再び同じようなことを行うと、また同じような現象が発生したのである。

こんな体験で思い出したのが、ビーフェルド・ブラウン効果である。

一般に、ビーフェルド・ブラウン効果とは、電極間に高い電圧をかけ、片側の電極を放電し易い尖った形状にすると、放電によりイオン化した気体の移動によって、電極に推力が発生しているように見える現象とされる。１９２８年にトーマス・タウンゼント・ブラウンが発見した。この効果を利用したものとして、軽いバルサ材とアルミ箔を組み合わせた模型を浮遊させるイオンクラフト（リフター）がある。これは、かつてテレビ番組で繰り返し紹介されたので、記憶にある読者もおられるだろう。

だが、これはあまりビーフェルド・ブラウン効果を説明しているようには思えない。というのも、コンデンサに高電圧の直流を加えると、陰極から陽極の方向に未知の力が発生するというのが本来の説明として相応しいからである。5万ボルトから15万ボルト程度の高電圧で確認された現象だとされるが、必ずしも高電圧を要さないとも言われる。例えば、充電されたコンデンサの陰極側を下に、陽極側を上にして天秤の皿に載せて錘で釣り合わせた場合と、陽極側を下に、陰極側を上にして釣り合わせた場合とでは、重量が異なるという事例も報告されているからである。

既に触れたように、巨石による圧力を受けると、椀状石の上部がプラス、下部がマイナスに

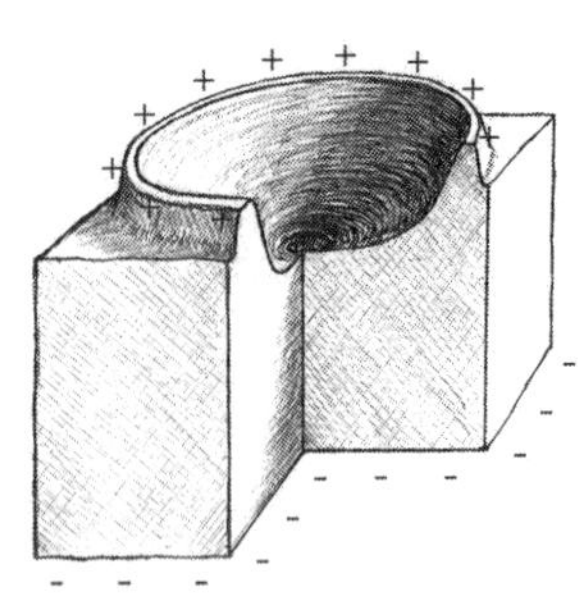

椀状石の円環部はプラス、底部はマイナスに帯電。押し上げる効果が働く？

なりうる。トン単位の巨石が生み出す圧電効果では、接触面にも依存するが、1万ボルトを超える直流高電圧が発生する可能性がある。因みに、1センチ角の石英に2kN（200キロ相当）の荷重をかけると1万2500ボルトもの電圧が発生するとされているが、それは瞬間的な発生で終わる。だが、椀状石の上部円環部に巨石が載ると、接触面が小さく、ある意味では不安定な台座で振動が生じやすい。そこで、振動が繰り返されることで、圧電効果が継続的に現れ、コンデンサのような蓄電作用も加わって、上向きの押し上げ効果（ビーフェルド・ブラウン効果）が促される可能性もあるのではなかろうか？　奇しくも椀状石の円環部を断面図で見ると、ビーフェルド・ブラウン効果に有利な先細りの構造となっている点も興味深い（但し、椀状石の円環部分は、表面が必ずしも滑らかとは言えない。圧力が均質に及ぶとは限らず、うまく円環状に一定の電荷が発生するとは考えにくい。そこで、マスウーディーの描写で登場した魔法のパピルスが、酸で濡らされて、椀状石の円環部と載せられる石との間に挟まれ、斑なく円環状、いや、垂直方向を考慮すれば、円筒形から直方体状に一定の電荷の発生を確保したのではなかろうか？　つまり、マスウーディーの描写において、舗装路には椀状石がはめ込まれていたとするものである）。
筆者は、物体を空中浮揚させるには、接触面を最小限にすべく、可能ならば浮き上がった状態からスタートさせるのが好ましいと書いたが、これは巧妙にもそれに対処しうるように思われるのだ。

ここで、椀状石の作用に関して、もう一つ触れておきたい。これまであえて指摘してこなかったが、椀状石はそれ自体が巨大なトランスデューサ、分かり易く言えば、巨大サブウーファーと似た構造をしている。サブウーファーのようなスピーカーは、背面に磁石を有し、コイルに電気が流れることで、電磁誘導の原理で振動板（コーン紙）を押し出し、空気を振動させて音を出す。椀状石は、振動板部分を自由に動かせない一体型だが、常磁性の磁石を有し、圧電効果によって電気を得て（コイルへの通電）、全体が振動することで、その上に載せられた巨石をも振動させると同時に押し上げ効果も生み出した可能性はないだろうか？　これは、まったく検証もしていない憶測に過ぎないが、もしこのような効果が生じるとすれば、径が特大であるため、その振動作用はかなり大きなものとなるかもしれない。

さて、先に、火の輪の中での空中浮揚において、重要なことが二つあると言った。ご想像頂けるように、残りの一つは電気にある。言い換えれば、円環状、円筒形状、あるいは円錐状に下から上に向かう電子の流れである。それはただ平行に流れる電子のカーテンとは異なるが、そんな中で空中浮揚が行われていたことは注目に値する。

概して、空中浮揚する物体はその周囲の空間に特別な「場（フォース・フィールド）」を作り出している。あるいは、生成された特別な「場」の中で物体は空中浮揚する。グレベニコフ博士が作り上げた空飛ぶプラットフォームにおいては、円筒形の「場（フォース・フィールド）」が周囲の空間を上向きに切り取ったとされる。

実は、現時点で証明はできないが、筆者の研究では、この「場」は、真空と似た低圧空間（真空様低圧空間）や振動物体への静電気の印加によって生成され、いわゆるピラミッド・パワーに通じる。ピラミッド、ラウンドタワー、仏塔（ストゥーパ）、昆虫の感覚子、動物の角、木などの植物の実（殻）、巻貝などの内部空間にも生み出される。そして、ネパールの仏教僧やアフリカのシャーマンを囲んだ火の輪も円筒形の「場」を作り出していた。その「場」は火の強弱、すなわち静電容量によって規模を調整でき、アフリカのシャーマンは強い火で自身の身長よりも高さのある「場」を作り出し、立ったままの空中浮揚を実現させた一方、ネパールの仏教僧は弱いロウソクの火を使い、座禅した状態でもわずかに体を覆うレベルの小規模な「場」を作り出していたと考えられる。

これは、エジプトやチベットでの石飛ばしや、カウスキーとフロストによる石英の膨張浮揚においても当てはまる。

物体は振動すると、構成する粒子同士の結合力が緩み、間隙を生み出すことに触れたが、それは、粒子間に真空と似た低圧空間（真空様低圧空間）を生み出すことに相当する。低圧空間には、小規模爆縮のように、一気に流体が流れ込む。実は、その流体を空気のような気体と想定してしまった場合の説明が、人体空中浮揚において触れた低気圧や呼吸として現れていた。そのため、正確さに欠け、読者をやや混乱させたかもしれない。

ここで、爆縮とは、低圧空間に流体が一気に流れ込む現象で、例えば、潜水艦のスクリューの裏側で起こる。スクリューの表側（前面）では、高い水圧を受ける一方、裏側（背面）では圧力が低くなり、特に軸との接合部分近くの窪みでは大幅に圧力が低下する。水は温度の上昇で気化するが、温度が一定の条件では、圧力が下がると気化する。そのため、スクリュー裏側の窪みにおいて水が気化することになり、体積は１０００倍以上に膨れ上がる。この時、水蒸気は冷たい水に囲まれるため、一気に冷やされ、次の瞬間には強力な圧力の下で液体に戻る。これがキャヴィテーションと呼ばれる求心的な爆縮現象で、その破壊力は強大である。スクリュー裏側の窪み部分は、どんどん削れてゆき、定期的に交換を強いられるのである。

キーリーは、そんな低圧気化による気体をエーテル（又はエーテル蒸気）と呼んだ。というのも、そのエーテルは、水を加熱して気化した気体とは性質が異なったためである。

さて、空中浮揚に必要とされる振動とは、実は、構成粒子間に空気が入り込むような間隙を生み出すようなものではないだろう。むしろ原子間に間隙が生み出されるレベルの振動であり、空気のような大きな分子は入り込めない。そんな振動が起こる際、原子間に真空様低圧空間が生成され、一瞬のことではあるが、空気ではなく、キーリーの言うエーテルのような流体が小規模爆縮のごとく流れ込むのではなかろうか（現代科学が都合よく使用する「空間そのもの」が流入するのでもない）。

筆者の考えでは、日中にS極磁気と負電荷を蓄えた石英や花崗岩のような常磁性体が、いわばコヒーレント・フォノンのような現象（物体の表面から奥部を含め、隅々まで完全に同調した振動）を起こすと同時に、振動で真空様低圧空間を生み出す際、負の静電気を周囲（金属棒、椀状石、魔法のパピルス、火の輪）から取り込み、斥力を得ることで重力に打ち勝つようになる。これは、晴れた満月の夜に実施することが最も効果的だと思われる。

結局のところ、当初筆者が注目した「振動」＋「静電場」が空中浮揚の鍵であった。エジプトにおける石飛ばしにおいて、舗装路脇の金属棒は軌道コントロール用ではなく、そもそも空中浮揚に必要な静電場を生み出すものだった。つまり、飛ばす石の周囲には何本もの金属棒が取り囲んでいた。また、チベットの石飛ばしで利用された椀状石は、（両側面からの音波とともに）圧電効果を利用して真空様低圧空間に静電場を作用させるものだった。そして、人体空中浮揚では、細胞の同調現象、血液の体循環や肺循環（呼吸で常磁性の酸素を取り込む）効果に加え、意識に基づいた振動によって生み出される真空様低圧空間に皮膚・粘膜等を介して、静電気を帯びたエーテルが瞬間的に流入する作用もあったのかもしれない。

古代人は自然観察と日常の生活から空中浮揚のヒントを得ていた

これまで、本書において古代人が空中浮揚の技術を持っていたことを示してきたが、いったい彼らはどのように空中浮揚の知恵を得たのだろうか？

この問いに対して、その知恵は古代のアトランティス人が残したのだと考える人もいれば、宇宙人が地球人に与えたのだと考える人もいるかもしれない。もちろん、遠い過去の記録を持たない我々には、その可能性も簡単に否定できるものではない。

だが、答えをアトランティス人や宇宙人としてしまえば、ヒトの思考はそこで止まってしまう。自助努力も消え、進歩は望めない。だから、筆者はそう考える人に対して問いたい。アトランティス人や宇宙人はそれをどのようにして学びえたのか、と。

この問いを考えると、最終的には答えは一つに行き着くと思われる。

我々は文明のある時期、火を起こす際に火打石を使うようになった。石英を含めた硬い石と鉄片（または鉄鉱石）をぶつけることで火花を飛ばしたのだ。日本では鎌倉時代から江戸時代まで広く使われていた。石と石または鉄をぶつけて火花を発生させることは、火起こしが欠かせなかった時代においては極めて大切なことであった。そして、どこの文明においても、石英（水晶）への関心は高まり、現代においては、ライターやガスコンロの点火に圧電効果を使用した圧電体が利用されている。実のところ、石が生み出す火花や高電圧、そして、信号の増幅効果は日々の生活に密着していたと言えるだろう。

古代の人々にとって火は神聖なものであり、長い歴史の中で、いつしか火の輪を作り出し、そこで神と繋がり、変性意識へと誘う儀式が行われ、空中浮揚という奇跡が起こりうることも発見されていったと考えても不思議ではないと思われる。

一方、古代の人々は現代人のような通信手段は持ち合わせていなかった。音による連絡は重要な意味を持ち、芸術表現も合わせて、ほら貝や角笛などの楽器や発声法も発達した。モンゴルでは倍音成分を生み出すホーミーと呼ばれる喉歌が知られる。たとえ山岳地帯で暮らしていなかったとしても、音が岩壁に反射し、こだまする現象には多くの人々が高い関心を払ったはずである。既に触れたが、先史時代に洞窟で暮らしていた人々は、音の反響を意識して壁画を描いていたと考えられている。音による共鳴現象は心身にも影響を及ぼすことが古くから知られており、古代エジプトでは音がヒーリングに活用されていたことが分かっている。

序章において、筆者はアルバート・シャッツ博士の業績について触れた。シャッツ博士は土壌中の微生物の活動に注目して、結核に効く抗生物質ストレプトマイシンを発見した。また、地衣類が分泌する酸に注目して、石に穴を開けて巣を作る小鳥のピトに導かれ、ハラッケーハマという植物に辿り着いては、最終的にインカの精巧な石組みの謎を解いた。

第四章で紹介したフィリップ・キャラハン博士は、昆虫の触角の感覚子を観察したことで、古代人が地上に残した塔状構造物が常磁性の岩石を利用したアンテナ機能を備えていたことに気づいた。そして、太陽と宇宙から降り注ぐ無尽蔵のエネルギーと反応させることで、常磁性の岩石が重力を打ち消す効果を発揮することをも発見した。すなわち、古代人がそんな知識と技術を持っていたことを導き出した。そして、太陽光で変化するS極磁気力効果のアイディアをのちの世代に授けたと言える。

同じく第四章で紹介したグレベニコフ博士は、地下の蜂の巣を切っ掛けに空洞構造効果を発見し、ヒメバチの繭のジャンプに出合い、昆虫が備えた浮揚力を発見した。そして、自然が生み出す神秘的な力を再現して、重力制御法の開発に辿り着いていた。

このように考えてみると、古代人が空中浮揚技術を発見するための下地は、日々の生活と自然観察によって養われていたことが見えてくる。地球人であれ、古代アトランティス人であれ、宇宙人であれ、師となるのは自然である。

筆者自身、日々自然の中で生き物たちの声を聞き、自然と同調しようと心掛けてきたがために、彼らに様々なヒントを与えられたのだと感じている。また、実際に自然と深く関わってきた先人たちの言葉――すなわち、今となっては伝承――を尊重するという姿勢が、様々な発見や前進を生み出してきたものと感じている。そして、そんな自然観察を尊重する姿勢さえあれば、何千年も謎とされることなく、空中浮揚と重力制御の謎はもっと早く解明されていたに違いない。また、いわゆるフリーエネルギーと呼ばれるような、持続可能なエネルギー源の獲得も同様な姿勢さえあれば、まったく夢物語ではないのである。

未来はハードではなくソフトにかかっている

近未来、イワノフ博士の理論の他、願わくば本書も一助となり、これまでの物理学が見直され、重力の謎が理論的に解明されていくことを期待する。筆者は物理学者のような専門家ではないため、新たな学説を提示できるような立場にはないが、学術的な解明と発展に関しては疑いの余地はないと考えている。

そのため、環境を配慮した技術の発展に関しては、筆者は楽観視している。だが、一番の問題は、限られた時間的猶予の中で、知識と技術を使いこなす人間の方である。

古代人はある面では高度な知識・知恵を持っていたが、我々は長らく気づかずにきたという事実は象徴的だと思われる。我々は自然を師として学ぶ姿勢を失い、利己的になってしまったがために、環境を破壊する技術ばかりを発展させてきた。そして、異なる価値観を持つようになってしまったことから、本当はそれほど高度な技術ではなかったにも関わらず、気づくことのできない人間になってしまったのだと思われるからである。

アカデミズムの世界では、自分が専門とせず、調査・研究を行っていない事柄に対してばかりか、現代科学では検証不可能な事柄に対してまで、でしゃばって判断を下したがる人々が見受けられる。その反面、彼らは畑違いの研究者の弁を参考にはせず、無視することを好む。それは、世の中はこうでなければならないといったエゴの表れに他ならない。実は、その典型が本書のテーマであった。

現代人と違って古代人には学がない。巨石を空中浮揚させることなど、現代人にできないことは古代人にできるはずはなく、それは荒唐無稽なおとぎ話に過ぎない……。

現代の学者たちは躊躇（ためら）うことなくそのように考えてしまう。だが、それは長い年月を通じて民族をあげてそれぞれ語り継がれてきたことであり、本来、大変失礼な話である。古代人は歴史を語り継ぎ、それは世界的に共有されてきたにも関わらず、現代人は自分たちの理解を超えたことに対しては、勝手な判断で架空の物語だと決めつけるのだ。

もちろん、歴史を振り返れば、時の権力者が都合の良い物語を生み出してきたケースは多々ある。だが、空中浮揚に関する伝承においては、特定の権力者が行ったのだと誇示されるわけでもなく、出来上がった建造物を美化するような意図も考えにくく（修飾的なエピソードは不要で、巨石遺構という実物の方がむしろ説得力がある）、歴史の改ざんを必要とさせる対象ではない。仮に伝承が事実に基づいていないのであれば、なぜそのようなおとぎ話が世界的に語り継がれる必然性があったのか、彼らの名誉のためにも真剣に考えてあげねばならないはずである。

今や人類のみの発展ではなく、地上の全生物との平和的な共存を求めた、真の科学的前進を目指して研究に取り組む人々はなかなか見つけられなくなってしまった。ほとんどの研究者が、個人の名誉、経済的な成功、社会的地位の維持などを優先してしまう。大きな利益が見込まれる商品開発を目指す企業から資金援助を得られるよう、彼らの期待に沿うような研究テーマを選ぶ人々ばかりである。専門化が進み、細分化された現在の科学界では、自分の専門分野以外のことに対しては口出しできない閉鎖的な状況が出来上がってしまっている。人間の顔色を窺って研究を行うようでは、地球に歓迎されるような発見や発明は期待できない。本来、我々は地球の顔色を窺って行動せねばならないのである。

さて、巨石文明に対して、多くの人々がある種の偏見を抱いてきた。一つは、大勢で力を合わせれば時間も労力も要するが、巨石の運搬に決して高度な技術や知恵は必要なく、ピラミッドもスフィンクスも、あらゆる古代遺跡も、特別驚くに値しないという姿勢である。もう一つは、古代人のテクノロジーをことさら高度に捉え、神業とする姿勢である。

前者は、これまた失礼な話であるが、部分的に説明できる方法があれば、全体をも説明できるという考えに基づいて、異例な現象に対しては目をつぶってしまう人々に見られる傾向だと思われる。彼らにとっては、2〜3トンの石1個を100メートルでも運べれば、100トンの石を数千個でも運べるし、採石場から50キロの移動でも大したことはないのである。

後者は、一見すると、前者とは異なり、真剣に想像力を働かせて、自分では不可能だという意識に達して得られるものだと思われる。確かに、ピラミッドの内部の構造など、設計という段階まで踏まえて考えると、まさに人知を超えた産物と呼ぶに相応しい印象があり、古代のアトランティス人や宇宙人との繋がりも、詳細が明らかとなるまでは否定できないものである。だが、実のところ、後者にも前者と同様な問題がある。それは、やはり、真正面から真剣に考えてみるという努力に欠けていると思われるのだ。

少々考えて分からなければ、アトランティス人や宇宙人の産物にしてしまえば楽なのである。それも、地に足を着けた生活からますます離れつつある現代人特有の傾向なのではないかと筆者には思えてしまう。既に指摘したように、アトランティス人や宇宙人の産物だと考えても構わないが、彼らがどのように行ったのかを考えることの方が重要である。彼らも同じ人間（あるいは知的生命体）である。たとえ困難だと思えたとしても、常に探究心を忘れず、生涯学ぶ姿勢を維持していくことで、いずれその知性に追いつける可能性は残されるのである。諦めるのが早すぎる。

読書で情報を仕入れたとしても、知識を得ることで安心し、思考力を退化させてしまうことに気づかない人々が多い。なぜなら、情報を仕入れることは、既に他者に頼っているからである。最小限の予備知識は必要だが、その先は個人の問題であり、助けてくれる人を期待していては何も始まらない。忍耐強く自ら考え続けることで、答えは見出されるのである。現代においては、そんな基本的な姿勢が崩壊しつつある。今一度、自ら思考して切り開いていくスタンスに戻る必要があるのではなかろうか。

古代の叡智は同化によって発掘される⁉

古代人の空中浮揚技術を再発見し、理解を深めていく上で、我々は思考力を拡大していく必要があったように感じる。

多くの科学者は、外の世界との関係で自身や対象物を捉えようとする。それは、超音波を利用してトランスデューサと反射板の間に小物体を浮かせようとする発想に典型的だと思われる。彼らは浮揚させる昆虫やその体内での変化には関心を払わない。

一方で、内面を探ろうと瞑想する人々は、呼吸のように、いわば人体内での出来事に意識を向ける。屋外では嵐に見舞われていても、そんな環境にはあえて意識を向けずに、内面での平静を保とうとする。

筆者が空中浮揚の謎を究明してあらためて見えてきたことは、両者の視点をあわせ持ったもので、外側の世界にも内側の世界にも同時に同調する重要性だった。そんな視点に立つと、様々な現象が見えてくると同時に、柔軟な仮説が立てられるようになるのだと思う。

２０１５年7月31日、筆者に舞い降りてきたアイディアの中核をなしたものは、実は、定常波のような特別な波動干渉（振動）を外部環境に生み出すだけでなく、その外部環境に曝される物体内部にも定常波（振動）を発生させ、その振動レベルが内外で釣り合い、同化することで、物体は相対的に重量を失うというものだった（完全なる同調の実現）。実際のところ、この物質世界においては、様々な阻害要因が存在するため、これだけでは不十分で、他にも様々な要素を密に絡ませ、特別なコンディションを生み出せるよう、幾重にも及ぶ方策が必要であった。だが、振り返ってみると、筆者は決して新しいことを発見したのではなく、過去に多くの人々が認識し、利用してきながらも、埋没してしまった古代の叡智の一部を再び発掘したに過ぎなかったと言える。

ムー大陸に関する著書を残したことで有名なイギリス人作家ジェームズ・チャーチワード（1851－1936）は重力に関して興味深い言葉を残している。チャーチワードは12年に及ぶインド滞在中、中部インドの古い寺院で粘土板を発見・解読し、世界中の古代文明の起源はムー大陸にあることを突き止めたとされる。そして、粘土板の解読に協力してくれた高僧リシーと親しくなり、次のような話を聞いたという。

「人間はいわゆる重力を超える力を持っている。人間は地球の磁気力を超えた振動を生み出し、その影響を無にすることができる。人間を地上に引き付けているのはこの磁気力だけなのだ。磁気力が無に帰せば、人間の身体は実体となり、実体そのものには何の重さも無いから、彼は自分の身体を浮かび上がらせ、空中を飛ぶことができる。彼は地上を歩くと同様に水上を飛び歩くこともできよう。あの巨大な天体たち、太陽や星たちは宇宙間に何の重さも持っていない。キリストの奇跡は、地球に最初の偉大なる文明を築き上げた我々の先祖が、ずっと以前に知り、実行していた科学をそのまま使っただけなのだ。この古代の宇宙力は、必ずもう一度人間が再発見すべきだ。それなくしては、人間は完全な存在になり得ない」

奇しくも、この言葉は最初に筆者が閃くとともに、結果的に筆者が到達した考えと酷似している。そして、この磁気力に対し、我々は固有振動数（の整数倍）での振動に加え、圧電効果や波動干渉による静電場、さらに、電磁誘導、磁気渦生成効果、太陽で充磁した常磁性（S極磁性）効果、空洞構造・フィルター（浸透圧）効果、電磁気斥力、地球磁場の活用などをキーワードに対処できることは、本書をお読み頂いた読者であれば想像がつくと思われる。

秘密はフィボナッチ数に隠されている？

本書をほぼ書き終えた2016年春、筆者は自分の他にも海外で同様の発見を行った人々が存在することを知った。奇しくも、2015年という年に、同じようなことに意識を向け、進展を得ていたのである。ようやくそのような時代が到来したのだと感じたとともに、今後、次々と古代の叡智（えいち）が解き明かされていくことになると筆者は確信している。

そして、近い将来、世界を変え得る様々な発見・発明に結び付いていくことになるだろう。

とはいえ、当面の課題として、最後に発明家や研究者の方々に託しておきたいことがある。

2017年2月の時点で、まだ筆者が解明できていない問題である。

かつてジョン・キーリーは、特定の音を発して物体を上昇させることも下降させることもできた。それは、重力を打ち消す方向と強める方向であった。もちろん、使用された音の周波数はそれぞれ異なる。周波数の使い分けによって、引力と斥力を生み出せたというのだ。

重力を波動干渉に還元していったイワノフ博士の理論で考えてみれば、高低の周波数の組み合わせが引力と斥力を生み出すことに対応するのかもしれない。ただ、波動ソースが二つであっても、周波数の組み合わせは無限にあることに加え、互いに近づいたり、遠ざかったりすることでも、干渉パターンは変化する。そこに、エーテル流のような要素が加わると、さらに複雑となる。まったく条件が異なりながらも、干渉パターンで見れば、同一となるようなケースが、そんな無限の組み合わせの中からいくつか発見されることがあるだろう。おそらく、そこにある種の法則性が存在するのだと筆者は考えている。つまり、波動ソースの周波数比がある関係になった時に、引力や斥力が生み出される可能性があるのだと推測する。

その周波数の組み合わせの鍵は、フィボナッチ数にあるのではなかろうか？

フィボナッチ数とは、0、1、1、2、3、5、8、13、21、34、55と続く数列で、前の2項を足し合わせたものが3項目になるものだ。各項をその前の項で割ると、最終的に黄金比と呼ばれる数値（$(1+\sqrt{5})/2 = 1.618\cdots$）に近づいていく。不思議に自然界にはフィボナッチ数が埋もれている。例えば、植物の花や実に現れる螺旋をはじめ、巻貝や動物の角の螺旋の数には、フィボナッチ数が多く隠されているのだ。

だが、フィボナッチ数に基づいた複数の周波数は、固定して考えるわけにはいかない。それを最もうまく説明するのが、音楽でいうコード（和音）だと思われる。コードは、低い周波数帯でも何オクターブ上の高い周波数帯でもその関係が維持されるものである。それぞれのコードによって波動の干渉パターンは維持される。使い方によって、引力や斥力（反発力）を生み出すことも可能だと思われる。

因みに、筆者がこれまで「整数倍」という言葉を使ったのは、この概念があるためであった。1オクターブ上の音は、周波数で2倍に相当し、倍音と呼ばれるが、周波数が整数倍となっても、和音の関係は維持されるのだ。

かつて、ジョン・キーリーやニコラ・テスラは、3：6：9の比に特に注目したとされる。1：2：3に還元すれば、これには、フィボナッチ数が隠れている。

だが、ここで、なぜ1：2：3ではなく、3：6：9なのか？　まだ筆者の頭では分からないところであるが、再び古代人が残したヒエログリフへと関心は引き戻される。

既に紹介したように、ニューヨークのメトロポリタン美術館に所蔵された女神イシスと冥界の神アヌビスの彫刻において、イシスとアヌビスの間にはヒエログリフが刻まれていた。そこで、左側の音叉に弦が2本、右側の音叉には弦が3本架かっていたことから、これは周波数レ

Photo by Crystalinks

ートが2：3の音程、つまり、音楽理論で言うところのパーフェクト・フィフス（完全五度）を示している可能性について触れたが、ひょっとすると、それは本当のことだったのではなかろうか？　この数字はフィボナッチ数と重なっていて、やはり、重要なメッセージだったと思えるのだ。つまり、音叉で音（振動）を発して、椀状石の上で定常波（固有振動）を得るという解釈である。そして、1・5倍、2倍、3倍といった数字は重要な意味を持つのだと考えられる。

実は、ニコラ・テスラもこの数字を利用して、グラヴィティー・モーター（重力エンジン）の軸、ドラム径、カム径等の寸法を決めていたとされる。

そして、偶然かもしれないが、筆者の限られた調査では、飛び上がる繭と幼虫のサイズ比は3：2に近く、示唆に富むものだった（重量比も重要と思われるが）。

このような数字のマジックに関して、残念ながらまだ筆者は解明できていない。読者の中から、今後この謎を説明してくれる方が現れることを期待したい。

しかし、そうは言いながらも、周波数はわずかにずらす程度が重要である可能性もある。イワノフ博士の研究でも、わずかにずらす程度の周波数の組み合わせが利用されている。最近の筆者の研究では、音の周波数の組み合わせだけでなく、角度の組み合わせも無視できず、それにはわずかにずらす程度が重要であることが見えてきた。そんなこともあり、3：6：9の比はますます謎になりつつあるのだ。

そして、もう一つ筆者には対処が難しい問題がある。それは使用素材の研究である。アステカ帝国を滅ぼしたエルナン・コルテス（1485－1547）がアステカ人から授かった贈り物の逸話がある。コルテスは国王カルロス1世と王妃向けに羽毛による人工の翼と、胸に固定する銅鑼（どら）を二組与えられた。国王の銅鑼は直径およそ25センチで厚さが6・4ミリ、女王の銅鑼は直径およそ20センチで厚さが3・2ミリの黄金製だった。そして、詰め物の入ったマレットでその銅鑼を叩くと、発せられた周波数の音が身につけた者を空中浮揚させて、銅鑼の振動が鳴り止むまで鳥のように空を舞うことができたという。積荷目録によると、それはスペイン行きの船に積み込まれたが、到着時、その黄金の銅鑼は消失し、羽毛の翼とマレットだけが残されたという。その銅鑼は使用者に合わせて厳密に作られていたため、他の者が使っても宙を舞うことができなかったとされる。

この場合、黄金製の銅鑼が使用されることで、発せられる振動の減衰が少なくなり、その音波が利用者を構成する細胞、いや、原子の隅々まで行き渡ったことが前提にあると思われる。

そして、訓練を要する瞑想による空中浮揚とは異なり、使用者の心拍動や脳波のような生体波動は銅鑼の振動に置き換えられ、至近距離から浴びる音波も特別な周波数となり、シンプルだが強力な浮揚力を生み出していた可能性が考えられる。おそらく、銅鑼が発した音は、特定の周波数の単音ではなく、前後の周波数帯に加えて、倍音のごとく、複数の周波数による和音で構成されていたものと思われる。

だが、パトロンを得たジョン・キーリーが高周波を伝えるワイヤーに高価な金、プラチナ、銀を使用できたのは例外的で、個人の発明家が確認するにはハードルが高い。筆者の力では、アステカ帝国にこんな銅鑼が実在した可能性を検証するのは困難なことである。

自動車も道路もいらない未来がやってくる?

以上、空中浮揚のメカニズムに関して、筆者が試行錯誤の中、様々な角度から考察してきた経緯を紹介してきた。具体的な方法論に関しては、複数存在すると考えられるが、そのそれぞれに対してすべてを説明できたわけではない。複数の方法論にまたがる部分で、あえて明らかとしていない情報があることもその理由の一つである。

特に、素材と形状を生かした、特別な「場」の活用法に関して、筆者はいくらか理解に及び、それが残された謎の多くを解くことになろうが、昆虫の空洞構造効果と同様に、生態系の維持という問題に関わること、そして、実験を通じた確認作業がまだ進んでいないことから、現時点ではあえて言及を避けることにした。だが、日頃から自然を尊重し、触れ合ってきたような研究者であれば、おそらくそれは本書や拙著の情報から想像がつくものと思われる。

筆者は本書を通じて独自の考察を披露し、様々な謎を解いてきたつもりだが、同時に、いくらか修正を要する部分もあり得るだろう。電磁気的な測定による検証も必要である。波動干渉においては、厳密にはシミュレーションが必要であり、周波数の組み合わせ等、今後、詳細が解明されていくものと思う。

また、何千年前の地球環境と比べて、地球の磁場には変化が生じていることや地理的・地質的な条件の違いも検証していく必要があるだろう。そんなことを考えると、古代人が行ったことと同じことを再現しようとしても、期待した結果が得られない可能性は十分あり得る。

だが、古代人が行った空中浮揚技術に関して、過去に誰も詳細に解説しておらず、情報が極めて限られる中にあっても、筆者は多くを説明できたものと考えている。古代人は結果的に超音波をも扱うことができたのかどうかは定かではないが、角笛、ほら貝、打楽器、弦楽器、声、音叉などを利用して、波動干渉＝静電場による特別な「場」を生み出し、振動による真空様低圧空間へ活性化したエーテルを流入させ、生成する磁気スピンによって、物体に及ぶ重力の克服に役立てていた。本書ではあまり触れなかったが、特別な角度で複数の音波を干渉させることで、静電的な刺激を与えることができる。もちろん、それは音波単独でなされるのではない。空中浮揚を支持する物体、あるいは、空中浮揚する物体自体の素材と組成、そして、その物体に内包する磁性が伴って、その「場」の生成が促されるものと思われる。また、そのエネルギーは太陽光と地球の磁場（月の引力も含む）によって増幅されるものと筆者は考える。

もちろん、それらは多くの学者・研究者によって検証されていく必要がある。なぜなら、従来の物理学においては、ありえないことであるからだ。実際に可能であることを複数の人々が示すことが一番である。

そのため、本書をお読み頂いた読者の中から、自ら検証実験を行い、成功する人々が現れることを筆者は期待する。そして、成功した暁には、その具体的なデータを公開して頂きたい。一部の例外はあるものの、筆者は本書において貴重な情報を隠さず公開することにした。その背景には、地球環境に直結するエネルギー問題を前に、真に地球に優しい技術の普及を求める筆者の意思が多くの読者に共有されてゆく期待があるからである。そして、読者もその活動にともに関わることを願ってのことである。

この空中浮揚技術が世界にもたらす影響は計り知れない。そのため、あえて筆者はその影響力に目を向けるのではなく、さらなる謎解きの方に意識を傾けようとしてきた。少なく見積もっても、世界中の人々の価値観もライフスタイルも完全に変わってしまうからである。我々は輸送機関のために化石燃料を消費することはなくなり、自動車も道路も不要となる。また、共振によって振動を得る技術がベースにあるため、化石燃料を消費せずしてエネルギーを生み出すことも可能となるだろう。このように指摘するだけで、その影響力がいかに大きいかは想像がつくだろう。実のところ、空中浮揚技術は永久機関の発明に限りなく近い技術なのである。

筆者自身、実験を通じていくらかの前進は得られている。だが、古代人の方法を完全に再現するには、一個人では克服できない障害が多々存在する。そのため、実験は、あくまでも個人で可能な簡単なレベルに留まるのが現状である。本書をきっかけに、この技術の重要性を理解する読者の中から、筆者の研究を完成させ、実用化への道を開き、世界を変えていくことに資金面や人材面で協力してくれる人々が現れることを期待する。そして、地球環境に負担をかけない世界の構築をともに目指すことができたら幸いと考えている。

本書においては、筆者は巨石の切断、加工、運搬法など、古代人が有していた技術の概要説明に専念した。紙幅の関係で省略した情報もある。例えば、古代人は石材とその構造物を介して結果的に超音波も生み出せていた可能性もあるのだが、時期尚早であり、本書ではあえて記さなかった。別の機会にあらためて伝えていけたら幸いと考えている。

筆者は、古代人でも可能だった方法にこだわって、空中浮揚の謎を追究してきた。限られた情報からの謎解きは困難を極め、たくさんの試行錯誤を繰り返してきた。そして、まだ不完全ではあるが、本書を通じてなんとか報告できる段階にまでは至った。

筆者は自身の研究において最初から最後まで決して外れてはいけないと心掛けてきたことがある。それは、繰り返し語ってきたように、「自然との同調」である。もちろん、これは本書のテーマにも通じ、内部と外部の双方に同化・共鳴することに繋がる。筆者は、過去にも強調してきたが、有能な科学者・研究者の多くは、自然から学んでいるという印象を受けている。フィリップ・キャラハン博士、アルバート・シャッツ博士、ヴィクトル・シャウベルガー、ヴィクトル・グレベニコフ博士といった人たちは、素直な心で自然と向き合い、観察し、偉大な発見を行ってきた。

同化・同調への間口を広げると、周囲からエネルギーが流入してくる。これは、何の電源も要さないアンテナがそれ自体で電波を受信できるようなものである。周囲の環境に合わせるだけで、エネルギーは流入してくる。古代人はそれをよく理解していて、うまく利用してきた。その名残が歴史的構造物に見られるわけである。

我々が同調すべき相手とは誰なのか？　それを冷静に考えてみれば、自然以外にありえないことは分かるだろう。先に挙げたような有能な科学者・研究者たちは、自然と同調し、エネルギーの流入を体験し、偉大な発見を行った。いつの時代においても我々の師は自然であった。そこから離れると、我々は自滅の道を歩むことになる。あらゆる生命がこの地上で健康的に暮らせない限り、我々人間も健康に暮らしていくことはできない。その原点に今一度立ち返る時だと思う。

なぜチベットの僧侶らは、巨石の空中浮揚技術を秘密にしてきたのだろうか？　その答えも自ずと見えてきたものと思う。おそらく、我々はまだ知るべき段階に至っていないと彼らは考えているからだと筆者は考える。なぜなら、空中浮揚＝反重力、そしてフリーエネルギーは、周囲の自然環境・生き物たちとの同調・同化によってはじめて深いレベルで理解できるようになるからだ。自然と同調する基本原則を知り、実践することが先であり、それを実践できない者は、自然淘汰されるのがこの自然界の法則である。彼らからすれば、知る資格もなく、自然淘汰されるべき相手に、わざわざ貴重な情報を教える理由はないということなのだろう。

だが、筆者は、それでも空中浮揚＝反重力、そしてフリーエネルギーという技術を語ることで、その背後の「自然との同調」という必須法則を伝えられる機会が得られると考え、あえて情報の公開に踏み切った。

たとえ、宇宙進出のための高度なテクノロジーであろうと、筆者は自然と同調する意識の中で得られるものだと思っている。事実、我々人間は昆虫のような地上の生物から貴重な情報を得て、反重力の技術すら学び取れることを本書で確認した。人類の未来に役立つハイテクを学びたければ、地に足をつけて、自然に学ぶことしかない。文明社会において、この意味することを実感するのは難しいかもしれないが、自身の経験から言えば、真に役立つ発見とは、奇しくもそんな基本スタンスからしか生まれないのである。そして、我々が健康に生きていくためにも、自然との同調は不可欠なのだ。筆者としては、一人でも多くの読者が本書を通じてその一端でも理解して頂けたら幸いである。それは、本当は空中浮揚の技術以上に大切なことなのである。

第七章

3：6：9と重力の克服

オド光線とエドガー・ホーリングスヘッド博士

物質を微視的に見た場合、原子核の周りを電子が回転するように、物体を構成する粒子に回転や振動といった特別な運動性を持たせると重力を相殺するという仮説がある。多くの場合、回転や振動の高速化がそれに関わっているとされる。これから紹介する話は、実話であり、そんな仮説が適用される可能性が示唆される。

1921年、カリフォルニア州ロサンゼルス郡パサデナのエドガー・L・ホーリングスヘッド博士は驚異的な性質をもった「オド光線（Odic Ray）」の開発を発表した。オド光線は、岩石を透明に変化させるだけでなく、一瞬にして粉砕することができた。様々な物質を溶かすことも、水を酸素と水素に分解することもできた。それらの効果は波長の選択次第だった。また、スズ箔内に入れられた歯科用X線フィルムを感光するぐらいの強さで14㎝厚の鋼も28㎝厚の鉛をも貫通した。さらに、鉄・銅・亜鉛・錫・アルミニウムなどの卑金属の重量を20％軽減させるだけでなく、

エドガー・L・ホーリングスヘッド

逆に重量を増加させることも可能だった。この実験は１００回以上行われ、確認された。そのため、オド光線は重力を調整できる光線として認識されたが、その照射は極めて経済的だったため、ラジウムを利用した放射線治療にとって代わるものとして医療目的でも注目された。

ホーリングスヘッド博士によると、重力とは、太陽から発せられる波動と地球から発せられる波動の釣り合い関係から生じる。物質を構成する原子内では電子が高速回転しているが、常にそれは太陽からの波動に抵抗を受けている。その電子の回転速度を増加させれば、その物質は軽くなり（物質貫通力も高まる）、減少させれば重くなる。電子の回転速度に影響をもたらすことができるのがオド光線なのである。オド光線と他の光線との違いは、波長（周波数）、放電スピード、そして極性にあるという。そして、それらを調整することにより、原子スピードを増加させ、それを崩壊させ、高速の光線または力を放出させることができた。

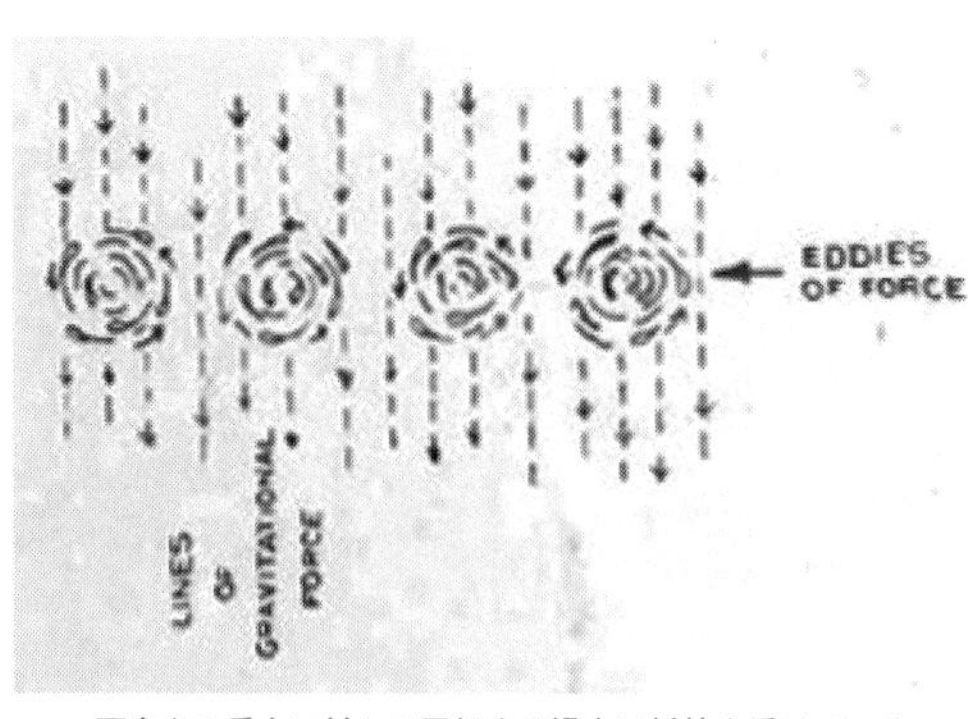

下向きの重力に対して回転する渦力は抵抗を受けている

因みに、１９２１年当時、まだ原子の構造について十分に解明されていなかった。１９１７年に陽子が発見された

オド光線を発する機械

ばかりであり、中性子は1932年に発見されたのである。そのため、ホーリングスヘッド博士の説明には、「原子スピード」のように、分かりづらい表現があるが、おそらくそれは電子の回転速度を指しているものと思われる。

さて、ホーリングスヘッド博士が使用した光線は、一見すると通常の電磁波のように思われる。常識から考えると、発せられる可視光線、紫外線、X線では、そのような効果をもたらすことはできない。その秘密は、複数の波長（周波数）の電磁波を合成して生み出される波動の極性にあると推測される。それにより、単一の波長（周波数）の電磁波では持ちえない性質、すなわち第三の極性を有した別物の光線が生み出されるようなのだ。

ホーリングスヘッド博士が採用した法則は3：6：9であった…。

ジョン・キーリーと3：6：9の謎

生前、ニコラ・テスラ（1856－1943）は「もしあなたが3、6、9の偉大さを知れば、宇宙を知る鍵を得たことになる」と言ったとされている。これは、世界中で多くの人が話題にして、様々な憶測が飛び交い、3、6、9という数字が持つ不思議な性質が紹介されている。だが、研究者らによると、残念ながらテスラがそのような発言をしていたとする記録は一切残されていないという。テスラは「3」という数字にこだわりをもっていたことは知られているものの、これはインターネット上で拡散したフェイクニュースのようなものかもしれない。

いや、3、6、9という数字は、実のところテスラ以前の別人が注目していた数字であることを筆者は知っている。むしろ、真相を知らない人々があまりにも多いことに戸惑いすら感じるものである。偽りの歴史が形成されてしまうことを防ぐためにも、ここでいくらか真相を示しておくことにしたい。

「3：6：9」は、確かにこれを理解すれば、世界を変えうる秘密であると言っても過言ではない。歴史を振り返って、この「3：6：9」の秘密を初めて完全に理解し、その応用に成功した人物は、既に触れたアメリカの発明家ジョン・アーネスト・ウォレル・キーリー（183

9－1898）だった。

キーリーは、音叉や楽器等で主に可聴音を発し、様々な物体を共振させうる固有振動数を発見し、最終的には物体を空中に浮揚させたり、逆に地面にめり込ませるなど、音波で重力を操ることを再発見した人物である。再発見と言ったのは、古代、音波を操り、巨石の重量を軽減させたり、空中に浮かべることができた人々が存在したことが、世界各地で語り継がれてきたからである。それらは本書で紹介した通りである。そして、キーリーは、一部の古代人が行ってきたことを再現することに成功した最初の近代人であった。

ジョン・アーネスト・ウォレル・キーリー

キーリーが発明家として活躍していた19世紀後半、多くの富豪たちは彼の会社「キーリー・モーター・カンパニー」に投資した。8歳年下の発明家のトーマス・エジソン（1847－1931）をはじめ、当時の科学者たちは、キーリーが積み上げた共振物理学があまりにも斬新で、従来の物理学と異なっていたため、まったく理解することができなかった。それは、17歳年下の若きニコラ・テスラにとっても同様だった。そして、テスラは、キーリー・モーター・カンパニーにお金が集まる状況を見て、キーリーに嫉妬していた。テスラだけでなく、多くの科学者たちがキーリーを快く思っていなかった。

さて、「3：6：9」の秘密が史上初めて世に出たのは1893年のことであり、それはキーリーのパトロンだったクララ・ジェサップ・ブルームフィールド・ムーアが記した本『キーリーと彼の発見（Keely and His Discoveries）』の中であった。キーリーは、「3：6：9」の法則を発見し、その法則に従って音波を発生させることで、重力を制御することに成功したのである。

クララ・ジェサップ・ムーア

常にキーリーを意識していた若きテスラは、ブルームフィールド・ムーアの本を読んでいた可能性は高い。そして、キーリーに理解できて、自分にはまだできなかった「3：6：9」の謎解きは自分に課したノルマとなったに違いない。

だが、残念ながら、テスラは「3：6：9」の謎を解くことができなかった。開発したモーター等にその比率を採用したと思われるものはあるが、重力制御にまでは及ばなかった。そのため、記録には残されていないとしても、「もしあなたが3、

6、9の偉大さを知れば、宇宙を知る鍵を得ることになる」と感じていたとしても、確かに不思議ではない。

とはいえ、キーリー以後、初めて「3：6：9」の謎を部分的に解いたのがホーリングスヘッド博士だった。但し、のちに触れるが、それはある存在の助けを得てのことだった。

3：6：9の謎を解いたホーリングスヘッド博士

ホーリングスヘッド博士は、「3：6：9」の謎を部分的に解き、オド光線を開発した。キーリーが利用した音波とは異なり、電磁放射線を利用し、重力の制御に成功したのである。キーリーや古代人のように完全に物体を浮き上がらせるほどの重力制御はできなかったが、電磁波に応用した点では画期的であった。

さて、ここで極性について触れておかねばならない。我々が知る世界では、ほぼすべてのものが二つの極性を持つ、いや、そのように我々は信じてきた。例えば、「正」と「負」、「S極」と「N極」といった具合である。二つ以外の極性は考えることがない。だが、キーリーは、極性は3つ存在することに気づいていた。そして、ホーリングスヘッド博士もそれに気づいたのである。キーリーとホーリングスヘッド博士の認識においては、完全に一致しない部分もある

DAILY NEWS, TUESDAY, NOVEMBER 7, 1922.

Greatest of All Destructive Forces Yet Found

(By Pacific & Atlantic)

WITH THIS APPARATUS, Prof. Edgar L. Hollingshead (left), Pasadena, Cal., is shown directing the force of the odic-activity ray he has discovered and which he asserts is the most powerful force known to science. At the right of the "gun" shown above are sixteen inches of lead and steel, through which the ray penetrated. This ray, says Prof. Hollingshead, is powerful enough to destroy the universe.

実験の様子を伝える記事

ため、ここでは、ホーリングスヘッド博士の認識を紹介しておく。

「3：6：9」は「正：負：ドミナント」に対応する。9に対応するドミナント（dominant）とは、支配的、優勢、（音階の）第5音といった意味であり、3（正）と6（負）のバランスをとる支点のような位置を占め、欠くことのできない極性である。そして、「3：9」が引力を生み出し、「6：9」が斥力（反発力）を生み出す。

因みに、数字は周波数比に対応する可能性があると思われがちだが、それでは「1：2：3」でも良いことになり、説得力が弱いのが現実である。

いずれにしても、我々はこれまで正と負といった2つの極性だけに関心を払ってきた。そのため、古代の遺産を発掘することは不可能だったのである。

特別な周波数の組合せ

物質貫通力の高いオド光線。その背景には、複数の周波数の組合せがあった。

筆者なりの解説を試みれば、木材に穴をあけるドリルビット（先端工具）の効果に近いかもしれない。もし、シンプルに先が尖っただけのドリルビットをドライバドリル本体に取り付けて、木材に押し当てるとする。いくらか木材は凹むだろうが、奥まで進まない。そこに作用する周波数は回転数のみである。だが、ドリルビットの先端や側面に溝や凹凸等の加工を施すと、ドリルビットは木材に吸い込まれるように入り込み、穴が開く。木材に及ぶ周波数は、ドリルの回転数と一致する周波数だけでなく、1回転当たり凹凸部が木材に引っかかる回数、つまり、回転数の何倍かの周波数が加わり、二つの周波数が作用したこととなる。実際には溝が木くずの排出に貢献する効果が無視できないが、複数の周波数を巧く組み合わせると、実用性の高い貫通力が生まれる。但し、重力制御の場合、この溝の刻み方には、未知の秘密があり、3：6：9の法則を採用した場合のみ、特別な効果をもたらした。

たとえるならば、このようにして、ホーリングスヘッド博士は驚異的なドリル、いや、実際にはオド光線を生み出し、28㎝厚もの鉛すら貫通させたと言えるだろう。利用したのはただの電磁放射線だった。

ホーリングスヘッド博士は、3：6：9の謎を理解したものの、共振に関する理解はキーリーのレベルには達していなかった。それもあり、限定的な重力制御に留まった可能性がある。もしキーリーが同じことを行ったとしたら、ドライバドリルを特殊なインパクトドライバに変貌させるべく、彼自身の身体が生み出す周波数をインパクトとして付加させて、3つの周波数で臨んだはずである。これにより、驚異的どころか、魔法のドリルを生み出したことだろう。

過去の遺産の復活に向けて

だが、魔法は簡単に理解されない。キーリーが生み出した機械には、不思議な卵形や球形が使用され、水や空気（エーテル）、楽器以外に、これといったエネルギー源がほとんど使用されなかった。キーリーは、当時最先端の科学者・発明家とは異なり、異例にも環境負荷が極めて小さいことを行っていた。のちに登場したオーストリアの天才発明家ヴィクトル・シャウベルガー（1885－1958）は、どことなくキーリ

ヴィクトル・シャウベルガー
（1885－1958）

ーと似た異色な側面を備えていた。

キーリーは一般的に使われていた科学用語ではなく、独自の言葉を使って説明を行い、それを理解できる者はほとんどいなかった。キーリーは、自らが発見した共振物理学の理論体系を確立すべく研究を行いたかったが、強欲な株主たちには商品化を急ぐように迫られた。キーリーも資金を得るために、投資家、科学者、記者らの前で様々なデモンストレーションを行ったが、信頼できる助手はおらず、自身の関心も多岐に及んだこともあり、なかなか進まなかった。世界的に有名な発明家となったものの、常人にはまったく理解できないことを行ってきたキーリーに対して、快く思わない人々も多かった。そんな中、あら捜しを好む記者らが、デモンストレーションにはトリックがあったと思われる形跡を発見した。そして、それが知られるようになると、次第にキーリーの評判は落ち、史上最大の詐欺師というレッテルが貼られた。結果、歴史から消え失せたのである。

だが、完成しなかったが、3：6：9の秘密を含め、キーリーが体系化しようとした共振物理学を現在でも多くの研究家が学び、研究に役立てているのも事実である。

超自然的存在の導き

キーリーは、子供の頃から楽器に親しみ、優れた音感・インスピレーションを持ち、とても器用な天才だった。キーリーは、気さくな男で、親切に多くのことを説明したものの、肝心の技術的な情報についてはあまり記録に残っていない。ホーリングスヘッド博士がキーリーの存在を意識していたのかどうかは不明である。そのため、オド光線による重力制御をどのようなきっかけで始めるようになったのかは不明である。

しかし、興味深いことに、ホーリングスヘッド博士は超自然的な存在に導かれ、技術的な助けを得たがために重力制御に成功したことを認めていた。その超自然的な存在とは、グレート・ホワイト・ブラザーフッド（聖白色同胞団）とディバイン・マザー（神聖なる母）である。グレート・ホワイト・ブラザーフッドとは、神智学やニューエイジに見られる概念で、選ばれた人間を通して霊的な教えを広める偉大な存在とされる。そのメンバーは、神智学の古代の知恵のマスターやアセンデッドマスターとして知られ、肉体を持つ存在と持たない存在の両方から構成されると言われる。近代神智学の創設者ヘレナ・P・ブラヴァツキー（1831－1891）はその中の地球の代表らとチベットで実際に接触。同時にチャネリングで教えを受け取っていたとされている。

因みに、ブラザーフッドからメッセージを受け取った他の人物に、アレイスター・クロウリー（魔術師）、アリス・ベイリー（神智学分派）、ガイ・バラード（I AM運動）、エリザベス・

クレア・プロフェット（イエスの失われた17年）、ベンジャミン・クレームらがいる。

はじめは、グレート・ホワイト・ブラザーフッドの人々が、何度かホーリングスヘッド博士のもとにアストラル体で訪問したという。だが、ある満月の真夜中、ロサンゼルス北東のパサデナ近郊の最も高い山の頂で、ディバイン・マザーが肉体を伴ってホーリングスヘッド博士の前に現れた。そして、5分間の会話において、博士が実験で出くわした難題を克服する方法を教えた。

ディバイン・マザーはこの世のものとは思えない光で輝いていた。ディバイン・マザーの頭部には後光があり、これまで見たことのない輝きだった。2度目はホーリングスヘッド博士の自宅に現れた。そして、彼に光線開発を可能とさせた。因みに、開発に至るまでには、「宇宙意識」と「神との一体化」が緊密に関わっていたという。

ホーリングスヘッド博士は自分のマインドを額の上にフォーカスさせる呼吸法を9か月間実践した後、古代ローマ・ギリシャの文明のヴィジョンを得た。そして、その2・3か月後、彼は自分のオド光線と酷似した原理を利用してエジプトのピラミッドが建造されたヴィジョンを見たという。つまり、オド光線の技術と古代の反重力技術との間に接点を見たのだった。

当時、ホーリングスヘッド博士の発見は繰り返し新聞で報じられ、注目を集めた。そのため、様々な人が彼のもとにやってきた。ジョン・ロックフェラーとそのパートナーによって設立さ

アレイスター・クロウリー

アリス・ベイリー

ガイ＆エドナ・バラード

エリザベス・クレア・プロフェット

ベンジャミン・クレーム
（写真 Bernard33）

れたスタンダード・オイルをはじめ、様々な大企業からアプローチがあった。彼らは際限のない大金を提示したが、ホーリングスヘッド博士は邪な意図を読み取り、そんなオファーをすべて断った。おそらく、技術の買い取りを求められたものと思われる。

ホーリングスヘッド博士が超自然的な存在と出会ったことを含め、以上の情報は、実のところ、当時の新聞が報じたことである。すべて記者が取材を行った際、ホーリングスヘッド博士自身が語った内容に基づいており、信憑性の高い情報である。だが、その後、ホーリングスヘッド博士のことが記事で取り上げられることはなくなった。彼と彼の技術がどのようになったのか、まったく不明である。忽然と消えてしまったかのようである。

筆者は、ホーリングスヘッド博士やキーリーについて語った動画をYouTubeやVimeoで配信していることもあり、世界中の研究家らが接触してくることがある。そして、感じるのは、有能な研究家ほど、この二人の巨人に注目していることである。「3：6：9」の謎解明が反重力実現の前提条件になるとは限らないが、理解に及ぶことで、根本的なことが見えるようになり、物体重量を軽くすることも重くすることも可能となるのは間違いないだろう。

補遺

光を伝えるエーテルは存在しない？

音は空気のような気体、水のような液体、大地のような固体を媒質として伝わる。同様に、光も何かを媒質にして伝わるはずで、その媒質を19世紀の科学者たちはエーテルと呼んだ。光は真空中でも伝わる。そんなこともあり、エーテルは、容器内の空気分子を取り除いても残されるもので、極めて小さな粒子ではないかと想定された。つまり、簡単にその存在を確認することはできないが、我々は常にエーテルの海の中に浸かっているのだと考えられたのである。

だが、光が音のように実体のある物質（媒質）を介して伝わるのであれば、速度Vの風に逆らって進むときはC－Vの速度で、追い風に乗って進むときはC＋Vの速度で伝わるはず。その風が宇宙空間に吹くエーテルだと考えれば、それぞれの場合で速度差を調べてみればいい。違いが表れるはずである。

左：アルバート・マイケルソン　右：エドワード・モーリー

都合の良いことに、地球は公転しており、エーテルで満たされた宇宙の中を高速で動いている。わざわざ実験装置を動かす必要はない。すでに地上の実験装置にエーテルの風が吹き付けているようなものである。また、たとえエーテルの風が一定ではないとしても、方向や時刻などの条件を変えて光速を測れば、干渉縞のズレとして検出される速度差（時間差）によってエーテル風の動きを把握できるはず。

　そのように考えて、１８８７年、いわゆるマイケルソン・モーリーの実験が行われた。当時の人々はエーテルが存在するものと考えていたため、その実験によってエーテルが検出されるものと予想していた。ところが、現実には想定された速度差（時間差）は検出されず、光速Cはほぼそのままで、従来の媒質としてのエーテルは存在しないとされた。

　これは当時の科学者たちを当惑させた。実験に何か不備があったのではないか？　それとも、地球が公転や自転をしても、エーテルも重力で地球に張り付いたように連動して速度差（時間差）が検出されなかったのだろうか？

とはいえ、エーテルは検出されなかった現実を受け入れるしかない。そのように意識を早く切り替えることができた科学者がその後の科学界を牽引してきたと言えるのかもしれない。

オランダの物理学者ヘンドリック・ローレンツは、速度差が生じなかった理由を「大きな速度で動く座標系では、2点間の距離（物体の長さ）は縮む」ことにあると考えた。そのため、エーテルの風によって光の速さが変わっても、ちょうどそれを打ち消すように長さが変化するために干渉縞のズレは生じないとした。これは、マイケルソン・モーリーの実験結果を矛盾なく説明する「ローレンツ収縮」として知られるものである。ローレンツはある基準座標系から別の基準座標系への変換を新たな時間変数「局所時間」を導入することで単純化できることを発見し、この変換に「時間の遅れ」を導入した。これが、のちにアルベルト・アインシュタイン（1879－1955）の特殊相対性理論に結びつく。光速は不変であり、高速移動が物体を縮ませ、時間を遅らせるという概念が生まれたのだ。

左：ヘンドリック・ローレンツ　右：アルベルト・アインシュタイン

ローレンツ変換

$$x' = \frac{x - Vt}{\sqrt{1 - \beta^2}}$$

$$y' = y$$

$$z' = z$$

$$t' = \frac{t - V/c^2 \cdot x}{\sqrt{1 - \beta^2}}$$

ローレンツ変換では x 軸方向でのみ縮みが発生する。

イワノフ変換

$$x' = \frac{x - Vt}{1 - \beta^2}$$

$$y' = y/\sqrt{1 - \beta^2}$$

$$z' = z/\sqrt{1 - \beta^2}$$

$$t' = t$$

イワノフ変換では、x 軸方向だけでなく、y 軸、z 軸方向にも縮みが発生する。

マイケルソン・モーリーの実験の再計算

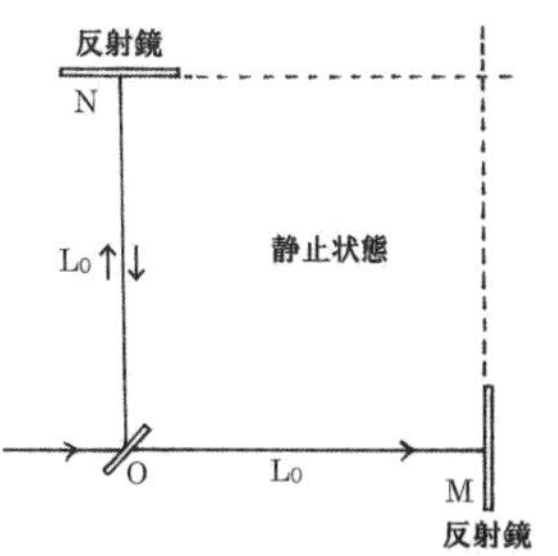

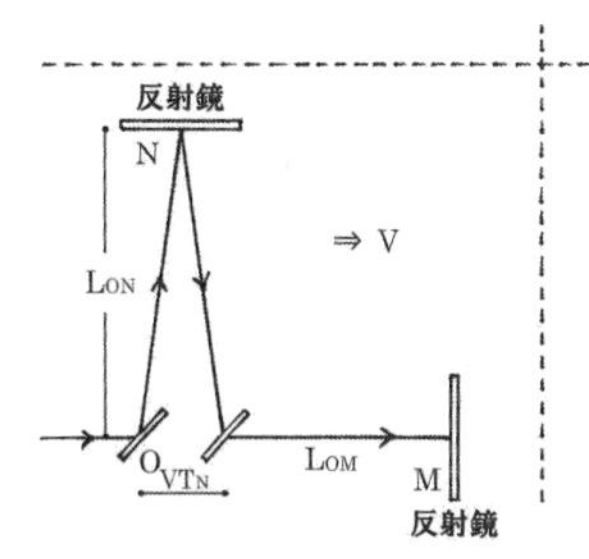

そこで、あらためて時間差を求めてみることにする。

図のように干渉計が右方向に速度Vで動いているものとする。Oはハーフミラー、NとMは鏡である。静止状態（V＝0）でのOM間、ON間の距離をともにL_O、運動状態（例、V＝0・5C）でのOM間の距離をL_{OM}、ON間の距離をL_{ON}とする。

まずは図の左右方向に注目する。光がOからMに到達して再びOに戻ってくるまでの時間（距離÷速度）は次のように書ける。

$L_{OM}/(C-V)+L_{ON}/(C+V)=2L_{OM}/\{C(1-V^2/C^2)\}$

ここで、イワノフ変換を利用すると、$L_{OM}=L_O(1-V^2/C^2)$と書ける。これは、静止状態で光が鏡との間を往復する時間と、運動状態で光が鏡との間を往復する時間は等しいことを意味する。

すなわち、光がOからMに到達して再びOに戻ってくるまでの時間は$2Lo/C$となる（OM間の距離 Lo を速度Cで割った値を2倍したもの）。

次に、図の上下方向に注目して、光がOからNに到達して再びOに戻ってくるまでの経路（距離）を考える。速度Vで右方向に移動している場合、Oから出た光がNで反射すると、戻ってくる地点は右方向に少しずれる。往復に要した時間をT_Nとすると、右方向にずれる距離はVT_Nとなる。そのため、光の経路は、三平方の定理を利用して、$2\{Lon^2+(VT_N/2)^2\}^{1/2}$となる。

この距離を光が速度Cで通り抜けることから、$T_N=2\{Lon^2+(VT_N/2)^2\}^{1/2}$となる。この式を変形すると、$T_N=2Lon/C(1-V^2/C^2)^{1/2}$となる。

ここで、イワノフ変換式$Lon=Lo(1-V^2/C^2)^{1/2}$を適用すると、やはり$2Lo/C$となるのだ。つまり、左右方向においても上下方向においても時間差はまったく発生しないことが見事に示されるのである。

今示した例は、実験装置が図の右方向にのみ動いていた場合を想定した単純なものであった。だが、本来は水平方向、垂直方向にも速度成分があり、角度に応じてそれぞれの成分が決まってくる。そのため、ハーフミラーから鏡までの距離L'は次のようになる。

$$L' = L_0 \cdot \frac{1-\beta^2}{\sqrt{1-\beta^2 \cdot \sin^2\varphi}} \quad (\beta = V/C)$$

ここで、水平（0度）方向では$L' = Lo(1-\beta^2)$、

垂直（90度）方向では$L' = Lo(1-\beta^2)^{1/2}$となる。

そして、ローレンツ変換においては、「時間の遅れ」が必要とされてきたが、イワノフ変換においては不要である。その理由は、ローレンツ変換では、図のように垂直方向の縮みが考慮されていなかったからである。

時計のパラドックス

ローレンツ変換に基づいたアインシュタインの特殊相対性理論においては、時間の遅れが必要であった。アインシュタインは論文『動いている物体の電気力学』において、

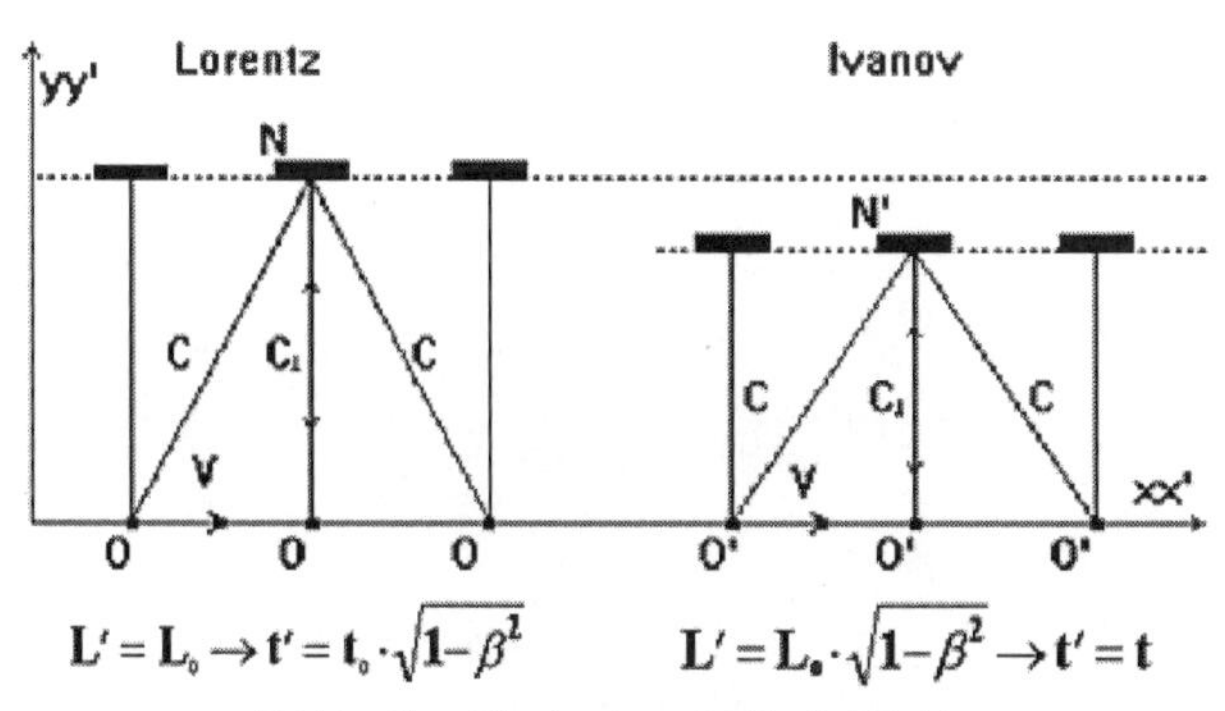

図：http://www.keelynet.com/spider/b-100e.htm

「同じ時刻を刻む二つの時計がA点に置かれているとき、そのうちのひとつを、A点を通る任意の閉曲線にそって一定の速さ v で動かし、t 秒後に再びA点に戻ったとき、この時計は動かさなかった時計より $t(v/c)^2/2$ 秒だけ遅れている」と記した。これは、時計のパラドックスと言われるが、1911年にポール・ランジュバンが双子をモデルにしたパラドックスに仕立て、「双子のパラドックス」として知られている。

そのストーリーはこうである。双子の兄弟がいて、弟は地球に残り、兄は光速に近い速度で飛ぶロケットに乗って、宇宙の遠くまで旅行したのちに地球に戻ってくるものとする。このとき、弟から見れば兄の方が動いているため、特殊相対性理論が示すように兄の時間が遅れるはずである。つまり、ロケットが地球に戻ってきたときは、兄の方が弟よりも加齢が進んでいない。一方、運動が相対的であると考えるならば、兄から見れば弟の方が動いているため、特殊相対性理論が示すように弟の時間が遅れるはずである。すなわち、ロケットが地球に戻ってきたときは、弟の方が兄よりも加齢が進んでいない。これは前の結果と食い違い、パラドックスとなっている。

一般には、弟は地球（慣性系とみなせる）にいるのに対し、ロケットに乗った兄は、出発するときやUターンのときに加速するため、少なくとも加速系に一時期いることになる。つまり、ずっと慣性系にいる弟とは条件が異なるため、二人の運動は対称ではなく、矛盾はないとされている。

だが、これを苦し紛れの言い訳と考えた人々は少なからずいた。とはいえ、ローレンツ変換や特殊相対性理論の妥当性にまで斬り込んで説得力のある批判を展開できる科学者はいなかった。そのため、彼らは支持する物理学者たちの説明を渋々受け入れるしかなかった。そうして歴史は流れてきたのだが、イワノフ博士の登場と粘り強い啓蒙活動によって賛同者も増えつつある。そして、筆者のような代替科学の研究家たちも注目するようになり、ようやく変化の兆しが現れてきているのが現状と言えるのかもしれない。

イワノフ変換を利用して計算を行えば、このようなパラドックスはそもそも発生しないことが分かる。つまり、我々は間違った歴史を歩んできたことになる。そして、その切っ掛けを作ったのは、当時の科学者らがマイケルソン・モーリーの実験結果を正しく受け止めることができなかったこととローレンツ変換にある。ローレンツは辻褄合わせのために運動方向に対して収縮現象が発生すると考えた。だが、彼は定常波圧縮現象を知らなかった。いや、当時の物理学者すべてが定常波圧縮現象を知らなかった。そのため、収縮現象が3次元的に発生するなど、思いもよらなかった。そして、1次元的な補正と言えるローレンツ変換で多くの科学者たちは満足してしまったのである。

真の理由が分からず辻褄合わせで作られたローレンツ変換に対して、イワノフ変換は定常波圧縮現象の確認と、繰り返し行われたシミュレーションを通じて、積極的に行われた3次元的な変換だった。単純に不備を補足したのではなく、大元の概念を根本的に差し替えたのだと言えるだろう。

イワノフ理論が正しければ、アインシュタインの特殊相対性理論は静止状態の時だけ正しくなる。そして、「時間の遅れ」は辻褄合わせで作られた数式に振り回されて導かれた結論であったことになる。

だが、そんな歴史もようやく正される時がきたのかもしれない。イワノフ変換によって不都合はすべて解消する。時間の遅れも発生しない。そのため、光速に近い速度で飛ぶ宇宙船に乗って宇宙旅行から帰ってきても、いわゆる浦島現象は起こらないということになる。

結局、エーテルの存在を仮定して理論を構築してもまったく支障はなかった。マイケルソン・モーリーの実験はそもそもエーテルの検出に適した実験ではなかったのだ。そして、実験で計測を行うに際しては、長さの単位であるメートルも、一定の時間（約3億分の1秒）に光が真空中を伝わる距離として定義するのでは不正確で、1メートルの中に何個の定常波が存在するかを確定させておかねば始まらないのだという。

もちろん、イワノフ理論はまだ科学界では認められておらず、専門家によってさらなる検証が必要とは思われる。特に、波動干渉のシミュレーションは不可欠となるだろう。筆者は、イワノフ理論が今後どのように科学界で受け止められるのか、その動向を見守っていきたいと考えている。

参考文献

Keelynet.com

Spirit & Stone, The Global Education Project.org

HumanResonance.org by Alex Putney

Tuning Forks and Megalithic Technology by Thomas Minderle

Ancient-Wisdom by Alex Whitaker

Ancient Egyptian Stoneworking Tools and Methods by Archae Solenhofen

The Egypt Archives by John Bodsworth

Philip S. Callahan, Ph.D., "Tuning In To Nature"（邦題『自然界の調律』）, 1975.

Philip S. Callahan, Ph.D., "Ancient Mysteries, Modern Visions", 1984.

Philip S. Callahan, Ph.D., "A Walk In The Sun", 1988.

Philip S. Callahan, Ph.D., "Nature's Silent Music", 1992.

Philip S. Callahan, Ph.D., "Exploring The Spectrum", 1994.

Philip S. Callahan, Ph.D., "Paramagnetism", 1995.

Philip S. Callahan, Ph.D., "My Search For Traces Of God", 1997.

Philip S. Callahan, Ph.D., "The Possible Detection of Magnetic Monopoles and Monopole Tachyons", Speculations in Science and Technology, Vol.9, No.1, 1986.

ピーター・トムプキンズ＋クリストファー・バード著『植物の神秘生活』（工作舎）

Peter Tompkins and Christopher Bird, "Secrets of Soil"（邦題『土壌の神秘』）, 1989.

アリック・バーソロミュー著『自然は脈動する』（日本教文社）

ケイ・ミズモリ著『超不都合な科学的真実』（徳間書店）

ケイ・ミズモリ著『超不都合な科学的真実［長寿の秘密／失われた古代文明］編』（徳間書店）

ケイ・ミズモリ著『宇宙エネルギーがここに隠されていた』（徳間書店）

エドガー・エヴァンズ・ケイシー著『アトランティス物語』（中央アート出版）

Rhythmodynamics–Science of the Future: http://www.keelynet.com/spider/b-100e.htm

Interdisciplinary Institute of Rhythmodynamics : http://rhythmodynamics.com/english/

一般社団法人 共振科学研究所より

賛助会員募集のお知らせ

◇◇

一般社団法人共振科学研究所は、人類の自然との共生及び健康に寄与する、共振作用を利用した新しい技術、特に重力制御技術の開発、そして、失われた有用技術の復活を目指した調査・研究を行うことを目的として2022年6月28日に設立されました。

重力制御技術については、常時、調査・研究は進めてきておりますが、2024年9月現在、実験は小規模なものに着手した程度で、まだ十分なことは実施できておりません。

一方、失われた有用技術である「周波数療法」においては、遠隔技術を発展させるとともに、施術効力を高める改良を施した商品「BioThriver」の開発に繋がる基礎研究を行いました。今後は、さらに周波数療法の技術を発展させるだけでなく、重力制御技術の研究・実験にも力を入れていく予定です。

当法人は、従来の科学的な常識にとらわれることなく、自然との同調に根ざした共振作用を利用した技術の復活および新規開発を目指しています。調査・研究にはまとまった資金を要しますが、当法人は、正会員（社員）による負担の他、賛助会員からの会費や寄付金等によって運営される非営利法人です。現状、決して十分な状況ではありません。皆様のご支援を必要としております。私たちは、自分たちの目標や目指している技術的な情報を賛助会員の皆様と可能な限り共有して、共に学び、世界を変えていくという夢を抱いています。賛助会員様には、有料のVimeo動画シリーズ『ケイ・ミズモリの代替科学教室』やメルマガ、一般には非公開の活動情報を無料で提供する他、イベント参加料金の割引など、様々な特典を用意致しております。さらに、賛助会員様は、特定信号発生器「BioThriver」を特別価格で購入可能です。是非ご入会頂き、明るい未来を作り出すべく、共に求め、育てていく体験を享受して頂けましたら幸いです。

詳細は当法人サイト（https://www.knetjapan.net/kyoshin/）をご覧ください。どうぞよろしくお願い致します。

水守 啓（ケイ・ミズモリ）

「自然との同調」を手掛かりに神秘現象の解明に取り組むナチュラリスト、サイエンスライター、代替科学研究家。現在は、千葉県房総半島の里山で自然と触れ合う中、研究・執筆・講演活動等を行っている。一般社団法人共振科学研究所代表理事。

著書に『潰された先駆者ロイヤル・レイモンド・ライフ博士とレイ・マシーン』、『「反重力」の超法則』、『世界を変えてしまうマッドサイエンティストたちの［すごい発見］』、『［増補改訂版］底なしの闇の［癌ビジネス］』（ヒカルランド）、『超不都合な科学的真実』、『超不都合な科学的真実［長寿の謎／失われた古代文明］編』、『宇宙エネルギーがここに隠されていた』（徳間書店）、『リバース・スピーチ』（学研マーケティング）、『聖蛙の使者 KEROMI との対話』（明窓出版）などがある。

Homepage：https://www.knetjapan.net/mizumori/

本作品は、2017年４月にヒカルランドより刊行された『【最新版】超不都合な科学的真実 ついに反重力の謎が解けた！』に新たに第七章等を加えて修正した新装増補版です。

消えた古代科学の叡智
反重力を今に解き放て！
現文明の限界値を突き破る究極テクノロジー

第一刷　2024年12月31日

著者　ケイ・ミズモリ

発行人　石井健資

発行所　株式会社ヒカルランド
〒162-0821 東京都新宿区津久戸町3-11 TH1ビル6F
電話 03-6265-0852　ファックス 03-6265-0853
http://www.hikaruland.co.jp　info@hikaruland.co.jp

振替　00180-8-496587

本文・カバー・製本　中央精版印刷株式会社

DTP　株式会社キャップス

編集担当　溝口立太

ISBN978-4-86742-444-5

ヒカルランド　好評既刊！

地上の星☆ヒカルランド　銀河より届く愛と叡智の宅配便

医療マフィアが知って隠した【治癒の周波数】
潰された先駆者ロイヤル・レイモンド・ライフ博士とレイ・マシーン
失われた治療器を復活せよ！
著者：ケイ・ミズモリ
四六ソフト　本体 2,000円+税

ヒカルランド　好評既刊！

地上の星☆ヒカルランド　銀河より届く愛と叡智の宅配便

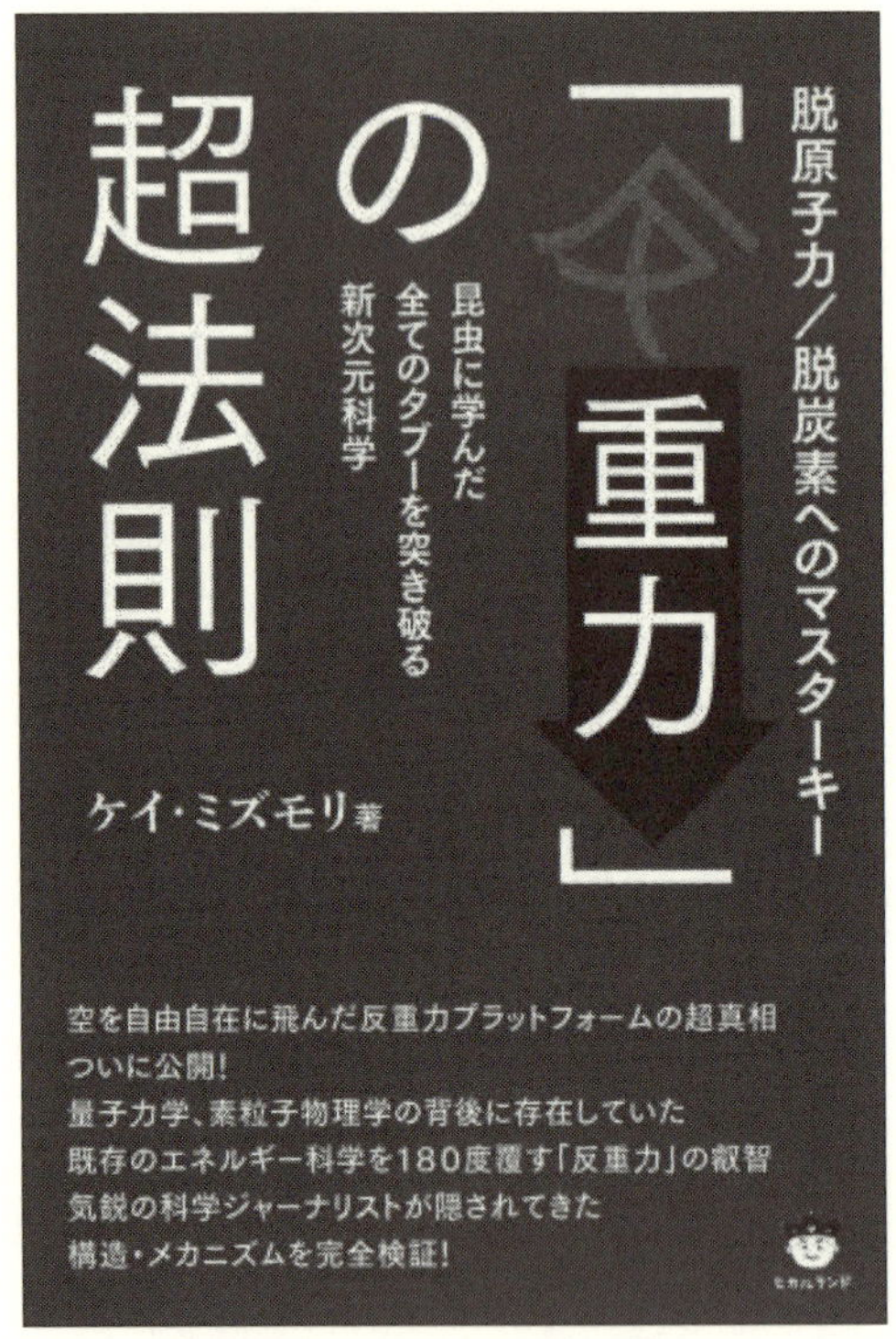